太湖书院文库

生物为什么是活的
——论生物编码信息

Why Living Things are Living—On the biological Information code

余宗森 著

北 京
冶 金 工 业 出 版 社
2022

内 容 提 要

生命科学发展到今天，已经非常发达，但"生物为什么是活的"这个根本问题，至今没有一个能被普遍接受的答案。本书基于作者十余年来在生命问题领域的悉心研究与积累撰写而成。全书共分为 5 章，主要包括：第 1 章历史的回顾和问题的提出，第 2 章生物编码信息，第 3 章一般信息论和生物编码信息，第 4 章生物编码信息在生命历程中的作用，第 5 章由生物编码信息得到的一些哲学感悟和随想。

本书适合于有一般生物学基础及信息科学基础的大学生及研究生，以及对生物为什么是活的问题感兴趣的生物学者阅读。

图书在版编目(CIP)数据

生物为什么是活的：论生物编码信息 / 余宗森著 . —北京：冶金工业出版社，2020.8（2022.2 重印）
ISBN 978-7-5024-8590-0

Ⅰ.①生…　Ⅱ.①余…　Ⅲ.①生命科学—研究　Ⅳ.①Q1-0

中国版本图书馆 CIP 数据核字（2020）第 152687 号

生物为什么是活的——论生物编码信息

出版发行	冶金工业出版社	**电　话**	（010）64027926	
地　址	北京市东城区嵩祝院北巷 39 号	**邮　编**	100009	
网　址	www.mip1953.com	**电子信箱**	service@ mip1953.com	

责任编辑　夏小雪　**美术编辑**　吕欣童　**版式设计**　禹　蕊
责任校对　郭惠兰　**责任印制**　禹　蕊
北京建宏印刷有限公司印刷
2020 年 8 月第 1 版，2022 年 2 月第 2 次印刷
710mm×1000mm　1/16；10.5 印张；171 千字；148 页
定价 42.00 元

投稿电话　（010）64027932　**投稿信箱**　tougao@cnmip.com.cn
营销中心电话　（010）64044283
冶金工业出版社天猫旗舰店　yjgycbs.tmall.com
（本书如有印装质量问题，本社营销中心负责退换）

出版说明

《生物为什么是活的——论生物编码信息》被列入《太湖书院文库》。

《太湖书院文库》是太湖书院塑造文化品牌的重点工程。《文库》出版坚持以习近平总书记强调的"立足中国、借鉴国外，挖掘历史、把握当代，关怀人类、面向未来的思路，着力构建中国特色哲学社会科学"的重要讲话精神为指导，坚持中国特色社会主义文化自信，践行社会主义核心价值观。

《太湖书院文库》出版既重视传统学科，又重视新兴学科、交叉学科；既重视学术性和专业性，又重视应用性和普及性；既重视突出专家学者的个人特色，又重视受众的阅读习惯和接受程度。

《太湖书院文库》作者主要面向太湖书院聘请的顾问和研究人员。《文库》支持国内外专家学者的长期研究成果，特别是具有真知灼见的新理念、新观点、新方法的专著。入库著作重点关注工程哲学、现代易学、苏式古建园林、生态文明、医药养生、社会智库文化等相关领域，其中工程哲学和现代易学领域的研究著作可优先出版。

太湖书院于 2012 年 4 月由社会贤达龚心瀚、丘亮辉、王跃程共同发起，在苏州太湖之滨成立太湖书院。书院以王跃程为理事长，由丘亮辉任院长，殷瑞钰、王礼恒、胡文瑞、张建启等院士、部长为名誉院长，集聚社会各界专家、学者等有识之士，特别是退休的、身体好的、壮志未酬的老专家学者的毕生研究成果，弘扬和传承优秀传统文化，研究和推广先进的现代文化，践行社会主义核心价值观。通过实现中华优秀传统文化的创造性转化与创新性发展，推动东西方文化对话，促进科学精神与人文精神融合，繁荣中国特色社会主义文化，扩大中华文化在世界的影响力。

书院坚持中国特色社会主义文化自信，秉承"吴越文化开古今、工程哲学开新篇、现代易学启智慧、太湖智库铸辉煌"的办院宗旨，铸造文化品牌，打造百年书院。书院坚持以科学之精神、现代人文之理念探究易学的经典，实现易道文化之创造性转化与创新性发展；以工程哲学与工程思维探究改变世界的真谛；以现代易学与工程哲学的智慧融合发展创建太湖智库，服务当代社会。

太湖书院是在苏州市民政局登记注册，隶属苏州市文广新旅局管理的民办非盈利单位，2014 年获评 AAAA 级社会组织，2015 年获评江苏省示范性社会组织、江苏省研究生人文工作站。现为苏州市科学技术协会团体会员。

自　序

　　本书的主题生物为什么是活的，是作者十余年来悉心研究的问题，本书是作者对此问题给出的一个答案、一个研究成果。

　　作为序言，这里说说写作本书的缘起和基本思路。

　　我从大学毕业后一直留校作教学和科研工作，主要从事的是金属物理学，50多岁时被调到当时的冶金工业部兼任了将近十年的科技司和外事司司长等职。一直与金属打交道的我与生物一点不沾边，不过我这个人兴趣比较广泛，对生物也非常感兴趣。20世纪70年代初"文化大革命"期间，我被下放到"五七干校"从事农业劳动，那时劳动之余阅读本专业的书是不合适的，有被扣上"只专不红""不安心农业生产"的危险，于是我就看看生物学的书。生物学与本专业无关，与农业沾边，别人不会说闲话。当时手头上能弄到的两本书，一本是从苏联翻译的大学教材《生物学概论》，一本是方宗熙写的《达尔文主义》。前者主要讲的是米丘林和李森科，这两本书都还没谈到DNA，但是不管怎样，它们让我见识了在无机世界之外，还有一个生机勃勃的有机世界。

　　以后的工作又和生物没关系了。20世纪80年代后期，根据材料科学发展的趋势和军工生产的需要，我在学校里开辟了碳纤维研究的新课题，这让我进入了碳和有机化学的世界。我发现，以碳为基础的有机世界包括生物界，比起无机世界要繁复缤纷得多。同时，作为一个有机领域的外行我还感到，尽管生命科学今天对生物的组成、结构、能量等关系已经研究得很细致、很深入，但是对生物的根本问题——生物为什么是活的这个问题，好像还没给出一个令多数人信服的答案。我估计不少人与我一样，也有同感。现在科学界把生命的起源作为尚未解决的根本问题之一也反映了这一点。这一情况与无机世界是不同的，自然引起了我的兴趣。

退休以后，有时间了，于是就想研究一下自己感兴趣的问题，出于职业习惯，琢磨一些问题是乐趣所在，正像孔老夫子所说"知之者，不如好之者；好之者，不如乐之者"。对问题琢磨出一些结果也好，琢磨不出什么结果也好，都没什么关系，反正从兴趣出发，没有负担。有闲暇和兴趣这两条为我提供了个人自由发挥的机会。从古希腊人开始，这两条就是学术发展的条件。诺贝尔奖获得者对年轻人的忠告都是从兴趣出发，这与我国的传统有所不同，中国人往往把科学的严肃性提到首位，以任务为中心。殊不知培养年轻人对科学的兴趣，可以激发他们的创造性，有利于出创新型人才，同时也有利于完成任务。

我当时感兴趣的主要有两个问题：一个是中西科学的比较，另一个就是本书讨论的生命问题。对我来说，后一个问题难度更大些，因为需要学习更多的东西。退休后的时间主要用于学习和思索这两方面的材料，结果在 2009 年出版了我的关于中西科学比较的著作——《对科学的反思和批判——振兴中国传统科学的必要前提》。这是我脱离原专业写的第一本书，中心思想是世界上至少有两种科学，中国传统科学在世界观、认识论和方法论方面是一种与西方科学有很多不同的学问，它们从不同的角度来认识世界，二者不能互相替代，是互补的。中国传统科学是有发展潜力的，不算中医，现在已经出现了一些按照中国传统科学的思路发展的新学说和新学科。

此书出版之后，反映还不错。我也由此有机会被邀参加一些有关的学术活动、发表文章、作报告，这也增加了我研究生命问题的勇气。之后我就全力以赴地琢磨生命问题，钻研生命科学的有关著作，以及有关复杂性和系统科学的论著，至今已有十多年。正像新入学的学生一样，学习生命科学对我也不是一点困难没有，好在它的理论基础和实验工具许多是与无机科学共同的，我并不生疏，对生命科学专业里的一些难题，我是靠了兴趣把它们一一啃下来的，现在搞物理的"侵入"生物领域成了一个趋势，我也算顺应了这一趋势。不过我不得不承认，比起科班出身，由于缺乏与生物专业学者交流的机会，对有些问题的理解难免不正确，或不全面，希望读者批评指正。

对于研究生命问题我也是有所考量的，既然要研究些问题，就要抓一些带有根本性的问题才更有价值。当时有个朦胧的估计，即生命科学从达尔文算起已有了100多年，特别是从20世纪下半叶起到现在已经积累了海量的实验资料，但是在生物为什么是活的问题上还给不出答案，看来问题不在于实验资料的缺乏，而可能是在基本思路方面有什么问题。正像叔本华说的："任务不在于更多地观察人们尚未见到的东西，而是去思索人人可见却无人深思过的东西。"而这正是要靠人的脑力劳动而不是靠实验去解决的地方，最适合像我这样的退休人员在家里去琢磨，既不需要实验经费，也没有科研任务，自由自在、海阔天空，也许能琢磨出一些名堂来。

在琢磨的头几年，在生命为什么是活的这个问题上始终想不出答案，这反映在我2003年发表在《科技导报》上的一篇文章《生物科学的另一种研究纲领》里，这篇文章作为附录2放在本书后面；之后又过了几年，才慢慢得出一些自己的理解来，这个理解实际上是把现在的信息科学拓宽到广义的语义学领域来，把生物的核苷酸三联体密码的"语义"关系拓宽到整个的核苷酸和氨基酸领域，把它们看作编码，类似于人类的语言文字。人类的语言文字是编码，编码和编码之间可以相互作用，而生物大分子的编码之间也可以发生相互作用，这种相互作用属于信息之间的相互作用，是一种超乎现有的物理和化学理论的作用。

这一说法最简单的概括可以说是"生物编码信息可以引起化学变化"。但信息不是任何信息，变化也不是任何化学变化，而是指"生物编码信息及其衍生信息既可以引起生物体内的生物化学和生物物理学变化，也可以引起其他生物体内的生物化学和生物物理学的变化"。

"生物编码信息"是我提出来的。信息问题在生物学中的作用最近开始引起了科学界的重视，2019 年有学者提出生命就是化学加信息，但我认为只是现有的化学和物理信息是不够的，它们不足以用来说明生命，也就是说，光靠现有的化学和物理学说明不了生命。

这种说法有没有实际依据呢？当然有，而且就发生在我们日常的生活中。例如，两个人谈话时，如果一个人传达的信息使对方愤怒，则对方的心率会加快，血压升高，肠胃活动受到抑制；如果传达的信息使对方焦虑，对方的胃肠血管会收缩，消化液分泌会减少，胃动力缺乏，不思饮食。凡此种种，是什么引起体内诸多生物化学反应的呢？答案只有一个，就是对方传来的信息。这个作用是不能用光波作用于眼睛，声波作用于耳朵来解释的，因为信息的内容不同时，它们的作用是不同的。物理学研究了光波对眼睛的作用、声波对耳朵的作用，但是并没有研究光波和声波所携带的内容（复杂信息）对人的生理和心理的作用，这种作用只能是由生物编码携带的信息引起的，除此之外不可能有其他解释。这说明在生物体中，除了生物化学和生物物理的诸多变化外，还有一种超乎物理和化学的作用，就是生物编码信息的作用。这种信息作用不排斥体内的化学和物理作用，而与它们是偶联的，没有这种信息的作用，人体内的很多变化得不到说明，生命之谜也不可能解开。

有了这个发现，回头一想：这每天发生在眼皮子底下的现象为什么人人熟视无睹呢？正像道金斯在《盲眼钟表匠》一书序言中谈的达尔文理论："达尔文理论实在太简单了，与物理学、数学比较起来，简直老妪能解。""别忘了，这种理论看似简单，却没人想到，直到 19 世纪中叶才由达尔文与华莱士提出。""这么简单的观念，怎么会那么久都没有人发现。"就拿自己来说，专心思索了许多年，才有了这个发现，原因何在？我觉得最重要的原因是人们固守于生物学的一切都能由物理学和化学说明的信念。从薛定谔的《什么是生命》开始，许多学者都强调，生物学的一切都逃不出基础科学物理学和化学的圈子，这种思想定势至今也没有什么改变，以至于生物界的很多现象只能被记录、被描述，而不能从物理学和化学得到说明。就拿人们熟知的三联体密码来说，至今也没有化学理论上的说明。这体现了科学哲学家库恩谈到的科学"范式"的作用，科学"范式"指的是某一科学家集团在某一专业或学科中具有的共同信念。这种信念规定了他们的基本理论、基本观点和基本方法，为他们提供了共同的理论模型和解决问题的框架，从而成为该学科的一种共同传统，并为该学科的发展规定了共同的方向。科学范式有它的积极和消极方面，它的消极方面就在于把人们局限在现有的理论框架里，尽量在现有的理论框架里解释一切事物，直到现有理论框架解释不了的事物越积越多，最终引起了"范式"的突变。可能本书提出的生物编码学说，会对此突变有所贡献。

信息论发展到现在，基本没有涉及信息的语义问题。香农的信息数学式从几率出发对信息加以量化。至于几率是关于哪些事件的几率则搁置不论。因为只有撇开信息的语义部分才可能把它量化；同时，现代关于信息的语义部分，即关于语言和文字的研究与科学技术的信息论还不搭界。看来作为广义语言的生物编码，到了人类进化成为语言，因此生物编码可能成为二者之间的桥梁。生物的广义语言与一般数学不同，一般数学强调的是"量"，而生物编码强调的是"序"。

近年来，生命科学大学科里出现了一个叫做"生物信息学

（Bioinformatics）"的新学科，它是生物学和信息学结合的一个交叉学科，包括生物信息的获取、处理、存储、分发、分析和解释等在内的所有方面。它综合运用数学、计算机科学和生物学的各种工具，来阐明和理解大量数据所包含的生物学意义。生物信息编码的发现可以拓宽和深入生物信息学的研究领域，特别是作为生物信息学的一个分支——信息动力学进一步发展的一个新的研究领域，它可以称为生物编码信息的语义学，也就是生物编码信息的交互作用及其规律。我们已经知道核苷酸和氨基酸之间的三联体密码规律，其他的规律则需要从生物编码这个新角度来审视现有的数据并找出它们之间的规律，有了这个思路，还可以开辟新的理论与实验工作，以求对生命的本质作更深入的理解。

有了生物编码及其交互作用，生物为什么是活的这个问题也可以得到解释，对生物编码信息的发现和对生物为什么是活的说明是本书的主要贡献。

作为一本学术著作，本书是针对有一定生物科学基础的读者而撰写的。因此，对生物学的一些基本概念和词汇不作解释。对读者可能不大熟悉的关于复杂性和系统科学的概念，则作了必要的解释和说明。

考虑到有些读者虽非生物专业，但对生物为什么是活的问题也感兴趣。本书在附录1转载了作者为《太湖春秋》杂志写的一篇《科学尚未认识到的生物编码信息》一文，是科普性质的，可供阅读。此篇文章也可供无暇阅读本书的读者参阅，了解生物编码信息的要旨。

再谈谈生物信息编码发现过程的一些体会，这涉及基本思路问题。像爱因斯坦认为时间和空间是相对的，与牛顿的绝对时间和空间在基本思路上不同，从而发展出相对论。他对量子力学的怀疑也是源于他认为上帝不会掷骰子的这一基本思路。我曾研究过中西科学比较的问题，在研究生命为什么是活的问题时，我是不问东方西方，尝试用各种思路来回答这个问题，反正能解答这个问题的就是正确的思路。回过头来看，我最后形成的思路是把信息论扩展到广义语义领域，并把它运用到生命问题上，其基本思路还是中国式的。为什么这样说呢，首先从问题的提出就可以反映出中西思路的区别，我提的问题是生物为什么是活的，是就所有生物的共同"现象"提出的问题，而现行科学则不是这样的提法，它们是把生命的起源作为基本未解决的问题之一，这种提法是延续西方科学的还原论思路，它认为只要把事物追究到它的根源上，就能找到问题的答案，为此努力去找最原始生物的化石，去发现最原始的最小的原初生物，以为这样就能找到生物为什么是活的答案，而对现实大量存在的活的生物于不顾，可是从本书得到的结论来看，只从生物个体本身来理解生命是理解不了的，必须从生物与其他生物和周围环境的交互作用才能理解生命，换句话说，必须从"关系"的角度才能理解生命，而这往往是中国传统科学的基本思路。没有个体生命与其他生命、与周围环境的交互作用就谈不到生命，更谈不到进化。西方科学也不是不谈交互作用，进化论就讲了交互作用，但它更侧重于从个体本身，从解剖学的角度来理解生命，这样做取得了许多成绩，但在理解生命的本质问题上则不会有很大帮助，因为在解剖刀下，组成生命的物质还在，但是生命却已经消失了。

我的老友——原中国冶金报社社长樊源兴在读了我的中西科学比较的著作以后，写了一首名为"双眸"的诗，曰"宗森陟险可称雄，凌顶评说亮利锋，剖析科学及本质，纵横论证至善宗，中国理气钟天地，万物终极造化功，备具双眸看世界，神州梦想现真容。""双眸"意即要用中国传统科学和西方科学两种科学的角度来看世界。中国传统科学的角度主要是"一分为二"，西方科学也会把事物二分，但与中国的二分不同。中国的二分二者之间是有规定的关系的，而西方的二分与三分、四分没有什么不同，只是分而已。西方科学的角度主要是还原。我的结论是生命要从生物与其他生物的关系方面才能得到理解，而从还原论角度是理解不了的。这个结论并不是事先就有意选好的，而是在就生命为什么是活的具体问题"苦思冥想"各种可能性，并找到了答案之后得出的，这个答案在哲学上不就是中国的"一分为二"的思路么。

本书有一节讨论作为生物主体性标志的"我"的问题，这是别的书很少提的。"我"与"主体"不同，主体是从别人的角度来看"我"，是客观的角度。而"我"则强调主体对本身的感受和认识，是主观的。每个生命个体都体现为一个"我"，尽管除了人或个别灵长类动物以外，其他生物可能并没有"我"的意识，但是生命过程却时时刻刻都有"我"作为一个整体在起作用。"我"表示主观，是体现生命本质的一个重要方面，也是科学难以理解的方面，特别是"我"在"注意"的"注意"，更是"我"的活跃状态，对此我提出了一些分析和理解，供进一步的探讨。

本书提出的生命编码信息论可以解释许多现在还不能解释或不能很好解释的一些重要生命科学问题，但它并不是问题的全部，除了在书中提出议论和讨论的部分以外，它尊重和继承现有的生命科学成果，因此它在书中讨论的不是所有的生命科学问题，而是认为与生物编码信息有关的问题。还有些其他问题也可能与生物编码信息有关，但是本书作者还没有发现或没想好，欢迎同道者予以补充、修正和发展。

在研究中使我感触最深的是"信息"问题。生物信息的作用是至今为止科学还没有完全认识到的问题。生物信息在生物体内和生物之间可以起到化学和物理学包括不了的作用（当然不是很简单的作用，大多数情况下要通过脑的机制）。这使我对前人的话有了更深刻的新理解，像控制论和信息论的创立人之一的维纳所说的"**信息就是信息，不是物质也不是能量。**"（N·维纳《控制论》第五章），他首次提出了宇宙的基本构成不只是物质和能量，而且还有信息，这是一个带有根本性质的认识论问题。同时，使我对古人老子的"道生一，一生二，二生三，三生万物"（《老子》第四十二章）的认识从宇宙的根本层次上是指一是能量，二是物质，三则是信息，只有三者具备了，才能生万物。在《老子》第二十一章里，还说"道之为物，惟恍惟惚。惚兮恍兮，其中有象；恍兮惚兮，其中有物。窈兮冥兮，其中有精；其精甚真，其中有信"。在本书第5.5节里，我认为，最后的四个字"其中有信"的"信"，应该理解为"信息"。由此可见，我国的古人老子，很早就已指出"信息"是道的一个根本构成部分。而后来的人们，一直到了20世纪，才开始认识到这一点，使人不能不佩服古哲人对宇宙的天才理解。

像生命本质这样带有根本性质的科学问题必然带有浓厚的哲学色彩，以致有的生物学家甚至认为这根本是一个哲学问题而不是科学问题。我作为一个对哲学有浓厚兴趣的科学工作者在研究本问题的过程中，自然带有一些哲学上的思考和感触。作为热爱哲学的"票友"，我也愿意把这些体会提出来，因此本书特辟一章对这些问题作粗略的讨论，由于不是本书的主要内容，所以只能是粗略的。

本书在最后附录2中转载了我于2003年发表在《科技导报》上的一篇文章，是在我发现生物信息编码作用以前写的，记录了我当时对生命的起源和发展过程的一些猜测，这些猜测如果结合生物信息编码来理解，也许有些参考价值，同时从中也可以看出作者的思路历程。

对于生物信息编码学说的命运，我不好猜测，但至少认为它是有一定说服力的，可以为揭开生命的秘密提供一个思路。引用薛定谔在《什么是生命》中的一段话："即使在此我是正确的，我也不知道这条探索路径是否真正是最好的和最简单的。不过，这毕竟是我的路径。"

在此，我愿将此书献给两位女士，她们都是我最亲爱的人，一位是我故去的母亲廖昭懿女士，另一位是我的妻子陈匡德女士。回忆我在小学和中学的时候，作文不错，经常被贴在教室墙上。父母的一位老学究朋友知道后就建议母亲让我读《易经》，母亲带我到北平西单商场买了一套线装的《易经》。记得当时在弯弯曲曲的书肆里东张西望，其乐融融，但作为一个初中生，一读元亨利贞和其下的文言注解，简直不知所云，这是我生平第一次接触《易经》。我的妻子陈匡德对我搞专业以外的"娱乐"最初是不置可否，只是嫌买书太多，没地方放。后来关于中西科学比较的书籍出版后觉得我的"娱乐"还是有点价值的，便热心地支持我。

最后，我还要感谢两位老友谢善骁和邱亮辉。谢善骁编审亲自动手为本书的预印本作整个编辑工作，包括封面设计以及印刷出版。邱亮辉教授作为太湖书院的首任院长，将本书列为太湖书院丛书之一并予以资助，使本书得以出版。对老谢和老邱的友情帮助，我在此表示深深的谢意。

书的草稿写就，进入电脑打字阶段，当然比较高兴，特摘程颢诗一首以自况：

> 云淡风轻近午天，傍花随柳过前川，
>
> 时人不识余心乐，将谓偷闲学少年。

欢迎对本书论题感兴趣的同道批评指正。我的电子邮箱为Yuzs1933@qq.com。

作 者

2020 年 5 月

二次印刷的小增补：此书出版后销路比预期好，说明对此感兴趣的读者还不少，在此书二次印刷前本人在 49 页增加了部分内容，特此说明。

作 者

2022 年 2 月

Abstract

Why living things are living is a long-lasting fundamental problem since ancient time. During the long period of history there were many scholars have given answers to this problem, but no one is satisfactory and accepted by most people. In modern time instead of this problem another problem is appearing on the list of fundamental scientific problems—the origin of life. It reflects the reductionism trend in science, people try to find an answer of living from its origin.

The author of this brochure presumes that, the former authors overlooked the interaction between living thing and other living things. In fact, there are attractive and repulsive effects between them, these effects as a whole, attractive is dominant, and play very important role in the history of life and evolution. The attractive and repulsive effects originate from the selective reaction of big biological linear molecules of nucleic acids and proteins. Living things have a few levels of vibrations, in addition to atomic level, molecular level, big biological molecular level, there is a big biological linear molecular level. The vibrations of big linear molecules are complicated, since their compositions and sequences of nucleotides and amino acids are complicated, the vibration of a sector of one long linear molecule may be different from other sectors, so that the vibrations of long linear molecules are difficult to described as waves. There is a code relationship among different sectors of different molecules. Depending on the peculiarity of each sector the vibration of some sectors may respond the vibration of some other sectors of other molecules in the body itself or in other living things. The responding effects are manifested as attraction or repulsion with different strengths. The well-known example of these effects is the triplet code between nucleotides and amino acid. In fact the coding relationship exists anywhere, this kind of "selective reaction" can be called as reaction with "biological information code". The information is made up by peculiarity of sectors of linear molecules. The code is unknown to us except the triplet code, decoding it is a difficult and necessary work.

The code plays very important role in the body of living things and between the body of living things, in the body, enzyme and immunity are two examples of the reaction of the code, it accelerates or reduces the speed of many biological chemical reactions; it helps antigens meet with antibodys. Outside the body, every living thing is a hunter on the one hand, on the other hand, it is a prey. Living thing does not eat everything, its food is with some peculiarity. As a hunter, it is attracted by the prey, as a prey, it has a repulsive effect to its hunter. In general, creatures constitute a big and complex food chain on earth with plants as one end. For sexual reproduction, during the youth period, male and female demonstrate attractive effect between each other. The biological information is carried by mediums such as light waves and acoustic waves to other body. The essential differences between living things and non-living things are the initiative and purposefulness of activities of the former. The biological information reactions give it a proper explanation.

As a factor of self-organization, the biological information code provides many possibilities for augmentation and reduction of the body. It provides materials for natural selection, so that the evolution process is not totally stochastic.

目　　录

和环境交换物质等的时候，而且期望它比一块无生命物质在类似情况下'保持下去'的时间要长得多。"薛定谔从热力学角度提出广为人知的生物以"负熵"为生的观点。他认为"有机体就是靠负熵为生，或者更明白地说，新陈代谢的本质就在于使有机体成功地消除了当它活着时不得不产生的熵。"

在当时的科学水平只能用光学显微镜观察细胞中的染色体的情况下，他就敏锐地推测到染色体是生物遗传的密码本，而密码则是染色体中的"非周期性晶体"。

他承认当时的物理学和化学在解释某些生物事件时表现出无能，但认为不能怀疑它们原则上可以用这些学科来诠释。不过认为"在有机体中可有的新定律"，但"新原理并不违背物理学"。

这本书对推动物理学家进入生物领域起到了重要作用，是一本标志性的著作。作为量子力学的创建人之一，他认为量子力学可能是解决生命问题的学科。其后一些物理学家也在这个方向上作了不少努力，但迄今为止，量子力学只在说明生物的某些局部问题上取得了成功，在整体问题上还停留在推论阶段[13,14]。反对他用量子力学的里德利[112]说薛定谔对自己这个想法执迷的研究"最后被证明是走进了一条死胡同。生命的秘密跟量子没有任何关系，关于生命的答案并不出自物理学。"

（2）贝塔朗菲的《生命问题——现代生物学思想评价》[15]。

贝塔朗菲是奥地利理论生物学家，一般系统论的创始人。在1949年出版的《生命问题——现代生物学思想评价》一书中他提出了超越机械论和活力论的生命观，即机体论的生命观。他指出传统生物学科有三种主导观念，即分析和累加的观念、机器理论的观念和反应理论的观念。他逐一分析了这些观念，指出它们解释不了生命。因为生命是一个主动系统，所谓系统，是由处于共同相互作用状态中的诸要素所构成的复合体。他提出机体论的基本原理是：1）整体原理（组织原理），即整体显示出它的孤立组成部分所没有的性质，这是个组织问题；2）动态原理，即有机过程是由整个系统中各种条件的相互作用决定的，也就是动态有序决定的，这赋予有机体对环境变化的适应能力和受扰动后的调整能力；3）自主原理，即自主活动，而不是反射活动和反应活动，是基本的生命现象。这些原理表明，有机体是一个独特的组织系统，其个别部分和个别事件受整体条件的制约，遵循系统规律。有机体表征有三个最重要的属性，即组织化，过程的动态流和历史性。他给出了活的机体一个尝试性的定义：一个开放系统的等级秩序，它依靠该系统的条件在诸组分的交换过程中保持其自身的存在。他认为生物学定律不是物理-化学定律在生命领域的应用，而是比后者更高层次的定律，并不能还原为后者。对生物的物理化学过程作孤立的研究是必要的，但它不能解决组织问题和精细复杂的形状如何形成的问题。发育过程表现为动态过程的相互作用，不能指望把它完全分解为物理和化学的因素。进化过程中有机体历经的变化，不是完全侥幸和偶然的，而是受到限制的。它不是一个随机过程，而是一个本质上由若干有机规律共同决定的过程。有机体的活动首先不是由刺激激发的，而是由寻找食物、寻找配偶等的需要促动的，对外界刺激的反射不是行为的基本要素，而是使原有的自动性适应于变化的环境的手段。活结构不是存在，而是变异，它们是物质和能量不停流动的体现，物质和能量不停地流经有机体又构成有机体。

贝塔朗菲谈到有机体内的"特殊吸引力"，他认为普通晶格力决不能充分说明基本生物单位具有的令人惊奇的特异性，它能从可用的物质中挑选出"恰当的成分"，把它添加到正确的位置上。这些特殊的吸引力可以直接被观察到。这种吸引力的本质他当时认为只能作假设性陈述，按照 Friedrich、Freksa 的看法，是由核酸链的静电荷构型产生的，而 P. Jordan 则认为是由量子力学的共振引起的。

关于生命的本质问题，贝塔朗菲认为，就像物理学家并不回答电子实际上是"什么"的问题一样。物理学家最透彻的洞见只能陈述称为"电子"的这种实体所特有的规律。同样地，也不能指望生物学家解答生命就其"内在本质"是什么的问题。即使生物学家具有先进的知识，他也只能更好地陈述表征或适用于我们所面对的活机体现象的规律。

在机体论的基础上，贝塔朗菲又进一步提出普遍适用于各个学科领域、具有新世界观意义的"一般系统论"的基本法则[16]，是系统科学的开端。

（3）《生命新科学：形态发生场假说》[17]。

1981 年，英国剑桥大学生物化学和细胞生物学家 Sheldrake 提出了生物发生场假说，它虽然不直接涉及生命起源，但谈的也是与生命有关的一个基本问题，即生物体所具有的特征性和种的形态的来源和演化问题。作者认为，生命的本质是现有物理和化学说明不了的。他提出形态因果关系的假说，认为形态场在任意复杂程度系统形态的发展与维持中扮演一个起因性的角色，

"形态"不仅是系统的外表面或边界，还包括它的内部结构。这种因果关系不同于能量系统的因果关系，它与能量过程相结合而发挥作用。形态因果关系决定着从亚原子粒子一直到生物的细胞、器官、组织的形态单元。这种因果关系取决于形态发生场，形态发生只能从一个已经组织化了的系统引起，这个系统起形态原胚的作用。在形态发生期间，一个新的形态单元在一个特定的形态发生场的影响下出现在形态原胚周围。场与原胚的关系类似于物质系统与万有引力场之间的联系决定于它们的质量，电磁场之间的联系决定于它们的电荷，系统与形态发生场的联系决定于它们的形态。一个形态发生原胚被一个特定形态发生场所环绕是因为它的特殊形态。原胚是将要实现的系统的一部分，形态发生场的一部分对应于它。然而场的其余部分不是"空"的或"没有填起来的"，它包含最终系统的一个虚形态，只有在它的全部在适当的位置上发生时才被实现，于是形态发生场与系统的实际形态相吻合。形态发生场的结构被认为是一个几率性的结构。原胚可能是细胞器、大分子聚集物、细胞质或膜结构，或是细胞核。一个特定的形态场的最初出现可认为是机遇，或物质的特有创造性，或是超验的创造性，到底是哪种原因只能在哲学领域里寻找答案，不属于本假说的范围。

系统一代一代出现相同的形态，蜘蛛一代一代会织网，是由于先前的形态影响了后继的形态，属于从形态到形态的跨时间的"共振"效应。形态共振通过形态发生场发生，是非能量的。他提出，形态与能量的"二元性"类似于量子理论中的波粒二象性。

多细胞生物发育的一连串阶段是由形态发生场连续控制的。胚胎组织在早期胚胎场控制下发育，在次一级场的作用下出现了不同的部位，然后更低一级的场控制了进一步的分化。多细胞生物每个细胞的 DNA 尽管相同，但却发育成不同组织器官的组成部分，就在于除了基因以外，还遗传自过去相似形态的形态共振。若是由于环境异常或遗传变异足以改变形态原胚和振动模式，则生物体内就无法出现完整的结构，或可能与另一种不同的形态发生场相关联，因此一个种的形态发生场不是固定的，而是随种的进化而变化。

生物的运动本质也是形态发生，植物、简单动物的运动是如此，具有神经系统的动物也是如此。运动是分等级地组织在一起的神经系统的协调活动。神经冲动从一处传至另一处的规律性和中枢神经系统里很大程度上的不确定现象的统一，是由形态的因果关系使之有序并模式化的。虽然控制动物专门运动机构形态变化的场实际上是形态发生场，但它引起的是运动而不是纯粹的形态变化，所以也可以叫做运动场。

（4）《分子、动力学与生命》[21]。

这是 20 世纪 80 年代出版的比利时普里高津学派讨论生命的一本著作。普利高津学派提出的耗散结构在解决物理学和生物学之间的鸿沟作出了开创性的努力。

热力学第二定律的熵提出了时间箭头的问题，涉及了物质世界的不可逆演化。热力学和统计物理学讨论了事物向平衡态的演化问题。但现实世界还存在另一种演化，即由简单向复杂的演化。生物从出现到进化就是这样一类演化，从简单的病毒、细菌进化到复杂的人类、人类社会，以致人类的思维。

地球越来越远离均匀，花样越来越多、越来越复杂，这是怎么回事？普利高津在 1969 年提出了耗散结构理论，即在远离平衡的条件下，系统可以产生有序。在远离平衡状态下，如果系统保持开放，与外界不断有物质和能量的交流时系统可能产生有序。在大量性质完全不同的系统中都能产生各式各样的有序结构，这样的结构只能在物质和能量的不断耗散中才能形成和维持，有序包括空间有序、时间有序以及时-空有序。这里介绍一种被称作 B-Z 反应的化学振荡产生的有序，是 20 世纪中由苏联化学家 Belousov 和 Zhabotinsky 首先发现的，是丙二酸被溴酸盐氧化的反应：

$$2BrO_3^- + 3CH_2(COOH)_2 + 2H^+ \longrightarrow 2BrCH(COOH)_2 + 3CO_2 + 4H_2O$$

在反应液中还加有铈离子作为催化剂和显示剂。铈离子可有两种状态：一种是淡黄色的 Ce^{4+}，另一种是无色的 Ce^{3+}，它在反应中并不消耗，所以在式中并未出现。在反应时不断加入反应物，取走生成物。当反应物浓度较小时，系统离平衡状态不远，化学反应呈均匀状态；当浓度达到确定的阈值后，系统会突然出现有序态，产生反应周期，反应介质的颜色会像时钟一样精确地在无色和黄色之间摆动，铈离子颜色的变化反映了反应的周期性。维持有序状态的条件是外界输入的物质使系统处于确定的反应物浓度状态。后来发现，有多种化学药剂可以产生 B-Z 反应：许多有机酸可以代替丙二酸，碘和氯的衍生物可以代替溴化物，加入指示剂可以产生红蓝变化的图像，图 1-1 所示为在培养皿加入一层溶液后发生的 B-Z 反应振荡的图像，在培养皿中随机出现的反应起步中心周期性地产生圆环形的波。

图 1-1 随机散布的起步中心周期性地产生圆环形的波

从 B-Z 反应可知，有序结构是某种均匀无序状态失去稳定性的结果。而有序状态的形成和维持靠系统内部的相互作用、靠系统的自组织。只有系统内部有非线性的相互作用，才能形成有序结构，而自催化就有非线性作用的特点。自催化是在化学反应中某参加反应的物质的生成物即是反应物，数量随反应进行而增加。系统具有自催化机制才能在一定条件下使微小的涨落不断放大，使系统由无序转为有序。自催化使反应物浓度不断增加，如无其他限制此过程将会继续，但一般非线性系统中总存在自催化和自稳定两种相反的作用机制。这样就可以使系统在一定参数条件下，由于自催化偏离原来状态，状态变量增大反过来使自稳定机制加强，系统由无序均匀状态向有序状态的转变就是自催化、自稳定分别起作用的过程。

B-Z 反应对生命的启示是，生命的复杂过程是由数以千计的相互关联的化学反应复合物构成的，像 B-Z 系统这样一个比较简单的化学反应体系能够表现出多样的仿佛是"活"的行为，那么可以预期，这些反应的一个大聚合，或者与流体力学现象结合在一起，会创造并维持生命。生命是物质自组织的结果所创造的。生命是节律、模式、相干、协同与进化。

按照这样的思路，书中依据自组织和耗散结构理论说明了不少生命现象。例如，在生物大分子合成方面，作者与合作者的实验表明，当尿嘧啶单核苷酸 U 及其互补的腺嘌呤单核苷酸 A 在一起合成长链时，开始合成的 U（B）和

A（P）链的延长过程很慢，n 个嘌呤类单体在水溶液中形成 n 单元堆 V+，随着 B、V+ 与 P 的形成，除链延长外就会出现自催化循环，B 和 P 都成为模板，一旦第一个单体放上聚核苷酸模板，以后放上单体就容易了，使延长速度大大加快。又如在细胞水平上，像酵母细胞里糖酵解的振荡就是细胞内部耗散结构的一个例子。糖酵解是生物体内的代谢过程，涉及多个步骤的酶催化反应，酵母细胞内葡萄糖降解时中间体的浓度就表现出 B-Z 反应化学中那样的振荡。在多细胞层次，许多不同的细胞会协调一致地行动，具有规则的运动节奏，表明相干性是多细胞生物的一定法则。这涉及细胞间的通信，像盘基网菌既可以以单细胞变形虫状态存在，也可以以多细胞生物状态存在。当环境有足够的营养物时，它的孢子萌芽可以形成单细胞变形虫独立生活，并通过细胞分裂繁殖。当食物缺乏时，个别领跑的变形虫开始周期性地向介质里分泌 cAMP，每几分钟发一次 cAMP 脉冲，信号使众多变形虫向信号发射中心聚拢，成为一个蛞蝓小幼虫。蛞蝓体内作周期性的波状收缩，最后停止收缩，形成一个柄，柄顶长着一团孢子，孢子细胞与柄细胞的化学组成与功能是不同的，但它们均由同一种变形虫形成，说明细胞实现了分化。盘基网柄菌系统由两种蛋白组成，位于细胞膜内，受体蛋白面对细胞外，在细胞内侧腺苷酸环化酶将 ATP 转化为 cAMP，到了胞外 cAMP 与它的受体结合，又提高内侧酶的催化活力。新合成的 cAMP 分泌到胞外培养液中，可以活化更多的受体。这是一个自催化过程。

生物由一颗种子或一个受精卵发育成为个体，由一个细胞形成一个多细胞的时空有序的不同组织并能协同工作的个体，涉及了上千个不同的相互关联的化学反应。此书作者借用了形态建成场的概念，所谓形态建成场，是一个由同一调节过程支配的、功能相互偶联的细胞系统。在一个发育中的胚胎里一个细胞的命运主要由它所处的形态建成场的位置信息决定。每个细胞的基因组阅读自己在场中的位置信息，从而制定分化程序。但这个能够提供源点、收点和梯度的位置信息是如何产生的？作者用相同细胞排列成一个简单的一维模型，并假设有两种成型素，这两种成型素彼此之间按某种非线性动力学一起反应。在一个细胞中引入微小扰动，从而建立起反应-扩散方程。按此假设建立起的微分方程可以建立起梯度，使有些细胞比定态有更多的成型素，另一些则有较少的成型素。

本书还提及多重单位系统的自组织问题，从生物科学到社会科学，有大量品种繁多的系统，这些系统由许多单位组成，彼此经高度非线性接触函数而相互连接，它按此还讨论了中枢神经系统的自组织问题。

（5）《超循环：自然的自组织原理》[22,23]。

德国生物化学家艾根于 20 世纪 70 年代提出了"超循环"概念，并于 1977 年出版《超循环：自然的自组织原理》一书，该书是在系统科学领域以生命问题为中心的一部著作。

艾根把生物进化分为三个阶段，最初是化学进化阶段，第二个阶段为分子自组织进化阶段，第三个阶段才是生物学进化阶段。在分子自组织进化阶段，要求既能实现产生、保持和积累信息，又能选择、复制和进化，以形成统一的细胞结构，从而使有生命的生物从无生命中"突现"出来，而这种生物大分子的自组织过程采取的是超循环形式。在自然界、生物界以及人类社会中普遍存在着循环。其特点是多种事物或要素在发展过程中互为因果，致使发展的起点与终点相互衔接，构成封闭环，而核酸与蛋白质之间就存在这样的相互作用。循环从简单到复杂，可分为 3 个不同的等级和层次，在生物化学变化中可以分为反应循环、催化循环和超循环 3 个层次。

在生物化学中，酶作为催化剂在催化底物变为产物的反应 S—E→P 中，酶 E 首先与底物 S 形成中间复合物 ES，ES 转变为 EP，EP 再释放出产物 P、E 继而又参与下一个循环，这是一个简单的反应循环。一些表面上看起来非常复杂的反应像光合作用、三羧酸循环，它们在整体上都相当于一个自维生的催化剂，都是反应循环。如果以反应循环作为亚单元，这些亚单元循环联系起来，就构成了反应循环的循环，这就是催化循环。实际上，只要在反应循环中有一个中间产物是可以催化自己产生的催化剂，这个反应循环就成了催化循环。催化循环在整体上可以看作是一个自催化剂，在整个循环过程中不断产生出自身，也就是说，它有自复制能力。像单链 RNA 的自复制，正链 RNA 可以作为模板指导合成负链 RNA，反之，负链 RNA 又作为模板合成正链 RNA（如图 1-2 所示）。

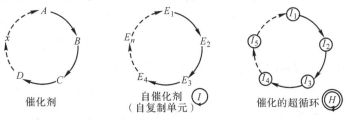

图 1-2 循环反应网络的等级结构

以催化循环作为亚单元，这些亚单元通过功能的循环联系而连接起来，就构成了超循环，是催化循环的循环。在超循环中，每个亚单元既能指导自己的复制，又能对下一个中间物的产生提供催化支持。作为一个整体，超循环组织已具备了进行自我选择的能力。像核酸与蛋白质的相互作用，就是一种复杂的超循环。核酸的复制由蛋白质催化，而蛋白质又是核酸的翻译产物。一段自复制的核酸系列并不直接影响另一段核酸系列的自复制，而是通过它所编码的酶去影响。这种复杂的超循环因此又叫"带翻译的超循环"。正是原始的核酸与蛋白质之间的相互作用，不管这种相互作用开始时是多么微弱，但不可避免地会出现超循环组织。超循环组织一旦建立起来，在其自复制过程中将不可避免地发生突变，借复制误差之机向更高的复杂性生长。复制错误不仅不可避免，而且是进化的必要条件。

关于蛋白质和核酸的作用，由 20 种氨基酸组成的蛋白质可以形成复杂的系列，但是没有自我指令或互补指令的性质，它可以形成稳定化的"折叠"结构。它们不具备核酸那样字符的内在性质，缺乏非常的突变诱发性，当错误出现时，也不能复制错误，但空间折叠是它具有识别特定结构能力的基础，酶的催化性是这个特征的一个结果。

大分子物种的专一性识别，被限制在范围相对小的短序列中或伸展不大的空间（三级）结构中。形成蛋白质时，特定的、非常精确的指令可由蛋白质单独给出，无须借助核酸密码。但这种指令只限制在相对短的序列中（例如，五肽）。利用这种性质可以设想一种酶的网络。它产生小肽，并经过一定步骤使它们连接在一起，直至出现完整的蛋白质分子，同时出现的还可能有催化它们自己的再产生的功能。

在分子自组织进化阶段，其过程受到类似于生物世界中适用的选择和进化原理支配。在这个阶段中特定的分子集合形成分子种。艾根提出拟种的概念，即通过选择而表现出来的，在核苷酸序列上有确定概率分布的分子种的有组织的组合。拟种与所谓的一个群体的"野生型"概念有相似之处，野生型往往被当作标准基因型，代表突变体分布之中的最佳适应表现型。拟种而非分子种是选择压力的承担者，优势种可以保留，劣种被淘汰。超循环就起源于某种达尔文拟种的突变体分布中。作为前体的拟种分布突变体，可以在某个超循环组织原理起作用前积累起来，由于功能上的相似而自动落入包括一个循环的某个高度关联的组织中，通过耦合的进化特异性，这个循环就能逐步地自我稳定。自然选择和超循环都是自组织，但达尔文系统的自复制是一种线性的自催化，这种非耦合的自复制单元保证了数量有限的、一代传给下一代的信息保守性。而超循环则是一种非线性的自催化，因为其复制循环是被循环的催化联系起来的，属于自催化系统的更高层次。它的作用不仅是选择，而且具有整合的功能，把那些长度有限的自复制体整合到某种新的稳定序中，使它们组织成一个整体协同相干地进化。

艾根认为，自然选择原理不仅是生物进化，也是大分子进化的基本原理。在分子水平上产生达尔文行为的必要条件是：（1）代谢作用；（2）自复制；（3）突变性。只有满足这三个条件的大分子系统，才适于在无止境的进化过程中，充当信息载体。

通过分子进化的渐进过程，导致了唯一的一种运用普适密码的细胞结构。这种密码的确立，并非由于一种确定的必然性，而是从任意的随机分配开始的，它通过一种特殊的"一旦—永远"的选择机制，以及数百种分子的协同作用而最终确立起来，从而使形态各异的生物物种在前生命期便打上了统一的胎记。

艾根运用多种数学方法在超循环理论的基础上建立起数学模型，对进化的过程作定量描述，以验证这个理论在生命现象中的适用性。

对于现在的物理学能否解释生命现象的问题，艾根没有正面回答，但是承认我们熟悉形式的物理学还没有得到多少东西。他认为很可能不需要多少"新物理学"，但需要许多进一步的可推导的"概念"。

（6）《生命的乐章——后基因组时代的生物学》[24]。

按科学哲学家库恩的理论，每一阶段的科学都是在一定的范式（Paradigm）下进行的。例如，以地球为中心的托勒密范式被以太阳为中心的哥白尼范式所替代。

在生物学界，双螺旋的 DNA 的发现被认为是开辟了一个新的范式，即基因决定论范式。但随后越来越多的发展表明，基因决定论是片面的，这就出现了一个对现有范式修正或替代现有范式的库恩革命问题[37]。DNA 发现后，重大的新发展包括系统科学渗入生物学以及表观遗传学等。2006 年英国生理学教授、系统生物学的前驱 D. Noble 出版了《生命的乐章——后基因组时代的生物学》一书，是在 21 世纪初专门介绍系统生物学的一本比较简明的著作。作者说他原来曾打算把这本书采用与薛定谔那本《生命是什么》一样的名字，表明作者是想在书中回答在后基因组时代生命是什么这个问题的。针对生物学界流行的看法，即每一个生活机体的发育指令都蕴藏在基因中，基因组是"生命之树"或生命的蓝图，Noble 认为，在生物系统中并没有这样的程序，也没有一个专门掌管因果关系的特殊层次。作者不赞成基因决定论，因为没有特定蛋白质系统的参与，基因是发挥不了作用的。基因就像一个 CD 盘或一个数据库，没有蛋白质这个 CD 播放器的参与，CD 是放不出音乐的。他认为生命之书就是生命本身，生命不可能被还原或只是自己的一个数据库，应该根据蛋白质在系统—层次中的相互作用来解释表现型，也需要进行系统—层次分析，以了解基因表达的反馈调控。细胞而不是基因组才是生命的基本单位，才是能够理解生命的层次。相互作用既包括自上而下的，也包括自下而上的，也就是说，既有自上而下的，也有自下而上的因果关系。他提出了基因—蛋白质网络的概念，认为基因是受蛋白质调控的；反过来，这些蛋白质是由其他一些基因编码产生的，这些其他基因又受其他一些蛋白质的调控，而这些蛋白质又是由更多的基因编码产生。整个系统就取决于由这种基因—蛋白质—基因—蛋白质等相互作用组成的大型网络。这种网络通常被称为基因网络，实际上是基因—蛋白质网络。显然，Noble 对基因—蛋白质网络的概括比起 Crick 提出的"中心法则"更准确地描述了基因和蛋白质之间的关系。这种看问题角度的变化当然是由于 DNA 发现以来新的科学知识的积累，另一方面也不能不说"中心法则"反映了当时占主导地位的线性思维。

2005 年，我国学者樊启昶出版了《解释生命》一书[111]，也是一本比较全面地运用系统科学解释生命的著作。

（7）《系统生物学哲学基础》[25]。

这是 2007 年出版的一本文集。该书在引言中提出，系统生物学的目标在于理解生物体的功能属性与行为是如何通过其各组成部分的相互作用实现的。这些相互作用必须有效用或影响那些在动力学上非线性、在组织上不均一的过程，以使新的性质、功能可以从这种相互作用中产生。系统生物学认为，生命系统具有的一些功能属性，单单通过分子生物学是不能发现或理解的。像基因组测序学、转录组学、蛋白质组学和代谢组学等高技术并不能引导人们认识活细胞，因而也就无法了解生命，因为它们并没有研究各种分子之间的相互作用和分子在细胞中的组织形式。

系统生物学不同于生物信息学，它是研究生物系统中所有组织成分（基因、RNA、蛋白质、小分子等）的构成，以及在特定条件下这些组分间相互关系的学科。它也不同于以往的实验生物学（仅关心个别的基因和蛋白质），它要研究所有的基因、蛋白质和组分间的所有相互关系，其目标是对某一生物系统建立一个理想的模型，使其理论预测能够反映出生物系统的真实性。

生物系统学的研究方法包括自上而下（Top down）和自下而上（Bottom up）两种方法。前者由分子水平的实验数据开始，并将生命系统中的相关分子视为整体，认为在数据分析的过程中，基于分子浓度变化的相关性有可能得到关于生物体的分子组成及功能的新假说。自下而上的方法则由分子间相互作用的属性开始，继而研究这些相互作用如何导致生物体的功能行为，这些相互作用影响或作用于生物学过程，使生物体可以依时序发育，或者通过修复损伤、或补偿耗散而维持其状态。

这本讲系统生物学哲学基础的文集，认为当前的生物学哲学是不完整的。实际上，除了认为有些东西活着是因为它的祖先有生命之外，现有的生物学哲学没能解释"是什么区分了生命与非生命"这样一个意义深远的问题。生物学哲学目前还没有必要的方法将单个生命体看作一个整合的、有功能的生物系统，这种系统可以不依赖于进化的历史获得对自身的本质了解。越来越多的生物科学家认识到了还原论的局限性，认为孤立地研究单独的个体而不关注它们之间的相互作用可能是行不通的；同时，倒退回整体论哲学策略也不可行，因为不对生物体进行分解，人们只能从表象模型的层面上描述实验数据或观察其行为，这些数据或模型的组分（例如，生长速率）缺乏物理/物质的实体对象。因此，即使在明确定义的实验条件下，行为与组分之间并不存在特异的依赖关系。因此，也许需要一些具有独特哲学基础的新策略。

本书认为，给生命一个明确的定义非常困难，这是一个高深难解的问题，所以大多数作者避免这样的尝试，而只局限于介绍生命的一系列特征。生命起源是一个与系统生物学高度相关的主题。生命与非生命存在一个质的飞跃，对这个问题现在生物学和系统生物学的许多有关研究都从细胞生物学开始。

（8）《人体复杂系统科学探索》[26]。

正像书名所说的，我国佘振苏、倪志勇二人 2012 年出版的一书是按照我国系统科学的创始人钱学森的思路，把人体作为一个复杂系统来进行研究。

试图综合东西方哲学观，运用和发展系统科学原理，建立统一的人体系统科学。他们提出一元（秉承东方哲学的一元论，并不是机械的物质论或精神论，而是以物理世界自组织原理为依据，以海德格尔的存在论为基础的一元存在论，即任何系统都有自身存在宇宙中的一个自组织中心，它的一切性质都是围绕着这个中心来展开的）、二面（任何事物都存在两面性，即形与体、虚与实、阴与阳、静与动等相互对立和转化，二者缺一不可）、多维多层次（任何系统都是量子真空的宏观激发，而任何宏观激发，相对于量子的微本质而言，都具有多维度多层次的复杂结构）的人体系统观。由于物质和意识作为生命系统的两个互补的方面始终共存，所以提出本体的一元二面论。

摒除狭义的物质观，正确认识意识的物质性，就是量子现象本质。任何复杂系统都具有一元性，生命也不例外。它来自生命起源和进化中实现的自组织性。生命是一个量子现象，传统可见的物质只是量子真空场涨落的一个侧面，是波函数振幅的这一面。传统的不可见的精神也是量子真空场的一个侧面，是波函数的相位结构的表征。当然，这一点还有待进一步的科学证明。宇宙中所有的物质存在都来自真空。宇宙进化过程中每一次显著的相变（对称破缺）都产生一个新的维度，形成互相对立又互相补充的事物的两个方面。意识和物质、形和体正是人的这一高级智能系统在地球生物圈中诞生时所产生的特殊维度的两个方面。

量子真空出现相变，对应于真空量子场的一个对称破缺过程。在这个过程中，真空量子场的对称性在内部涨落动力学中发生改变，出现多尺度的新状，产生一个新的涌现结构。可以用流体力学的湍流设想这样的相变过程。湍流运动在宏观上形成统计上的多层结构与复杂的涡旋运动，而宇宙的演化过程就是发生这样的真空"相变"过程。相变导致了时空结构的产生。

从基本粒子逐步到生物大分子的产生，都是对应于这样的过程。每一次相变都会产生一种新型的大尺度"涌现"结构。宏观的涌现结构（DNA、RNA等）背后存在着跨尺度的量子相位场（一种流场），这一流场具有整体运动特性，它与分子结构之间形成一种耦合，使分子结构具有一种新的自组织能力，能够在复制过程中实现自修复、自完善的过程。

佘振苏在同年出版的另一本书《复杂系统学新框架——融合量子与道的知识体系》[27]对他所提出的意识的量子场假说作了说明，他把在适宜的分子-分子相互作用下引发的宏观量子现象中与相位场相关的部分称为（广义）意识，因为这部分结构信息囊括了物质密度（振幅平方）以外的系统的重要特征，是系统两面中虚的一面，意识与物质共同构成系统的两面。宏观量子现象必然存在多粒子波函数的相位相干属于简单的意识现象。一旦意识场的结构实现了时空多层次的耦合，以它为媒介，可以构建出物质（密度）场运动的全新图景。这时的意识场似乎至少包含一个多层次（时空）耦合的量子相干（纠缠）结构，它随着生命的诞生而产生。随着高等动物特别是人的进化而形成越来越高级的量子相干结构。最终，这一结构与神经系统的复杂网络结构相契合，形成一个网络状的空间分布结构，从而实现高级的信号传导、控制和信息反馈的动力学。该书作者认为，这些描述虽然目前还是一个猜想和展望，但逻辑上却是可能的。

他还认为，生物间有生物作用场。生物大分子之间的这种相互作用，在更高的层次上，也同样存在于细胞和细胞之间，器官与器官之间，甚至人与人之间，可称为生物作用场。人体彼此之间，存在强度微弱，但具有宏观长时间效应的相互作用。这种作用的本质与作为量子长程有序作用的本质都是一样的。

（9）《生命真相》。

《生命真相》[113]是 2012 年在美华人病理学家刘量衡出版的一本著作，也是他在 2004 年出版的另一本著作《物质·信息·生命》[114]基础上的扩充和发展。这两本书大体是按照系统科学的思路来说明生命的。他认为生命系统包括物质、能量和信息三个子系统。信息调控活动把物理、化学、生物学联系在一起形成一门生命科学。生命能够延续本质上就是遗传信息的持续和流动，而基因则是遗传信息的基本单位。基本的生命活动就是信息的储存、加工、传递、表达的过程。生命是一种"时空"中的活动模式，是一种抽象的、非物质的信息（遗传信息及环境信息）活动过程，而不是物质实体的本身，是一种只有通过与其他物体相互作用，并在这些物体的变化中才能表现出来的属性。精神思想没有能量，不是物理、化学活动的产品，也不是大脑器官实体物质的任何一部分，更不可能是精神网络本身。精神思想也不必服从物理、化学的活动规律。精神思想和计算机软件的程序二者同样储存及运用二进制的信息活动规律，并且能够将所拥有的信息组合成很多不同的活动模式。

生物机体的产生、成长过程本质上是一个遗传信息的表达程序，而 DNA

则是储存遗传信息的物质载体，实质上是由有机核酸分子的四种碱基写成的生命密码信息。信息是物质或能量的一种属性。物质和能量是守恒不灭的，信息却可以生成、失去、增殖和创造。物质能量经过处理多少有所损失，信息经过处理一般都会增殖。信息流就是负熵流。

信息促成自组织，生物的物种进化程序就是信息的活动过程。人的大脑通过各种波的形式在大脑编码成各种信息活动模式。一组大脑密码可能在大脑中表示一个物体、一个动作、一个音乐旋律或一种抽象活动的时空活动模式，然后再编码成为各种符号、形态、结构，再组成更高层次的模式，即精神图像。

（10）《生命与新物理学》。

这是英文与中文译本均在 2019 年出版的由保罗·戴维斯撰写的著作[128]。此书的名字按中文直译为《机器中的小妖》，副标题为《隐藏的信息网络如何解决生命之谜》，是从信息角度来说明生命的。作者并不认为现有的物理学足以解决生命问题，而需要更深层次的新物理学原理。他认为，考虑生命时不仅要考虑生物建立了模式的复杂和有序的化学结构，还要考虑接受指挥和控制的化学反应，总之，生命就是化学加上信息。他认为，生命＝物质＋信息。信息被编码在生物的基因中，经过繁殖被复制，繁殖的本质就是遗传信息的复制。

生物分子是一种物理结构，而信息是一种抽象概念，二者如何联系起来呢，这就联系到了麦克斯韦妖。麦克斯韦是著名的电磁场理论的奠基人，对于气体分子运动，他曾提出一个奇怪的念头，即气体分子的运动是混乱的，不同分子的运动速度不同，能量分配在各分子间自然也不相同，他设想如果运用某种精巧设备，把快速运动的分子与慢速运动的分子分开，而且不消耗能量，这样一台热机就可以利用两类分子的温差作功，也就是说，可以把温度均匀的气体分子的某些热能转化为功。具体化可设想在装气体的盒子内设一隔板，上有一极小的孔，如有一小妖，即麦克斯韦妖，操纵小孔的开关，让热的分子去到一边，冷的分子过到另一边，从而在盒子的两边建立起温度差，从而可以作功。这看来很荒谬，违背热力学第二定律，只是一个思想实验而已。戴维斯认为，为了分离不同能量的分子，小妖首先要掌握分子速度和方向的信息，这样就把信息引入了物理学。除了掌握信息之外，小妖还要控制开关。信息显然具有"因果关系的力量"，像 DNA 的信息发生了变化，就会影响后代。在香农的信息论里（参看本书3.1节），熵是衡量无序和随机状态的，信息是熵的对立面，在物理学上把抽象的信息与物理世界联系了起来，并从而使信息共享了能量的某些属性，可以从某个物理系统传递到另一个系统。在此基础上，戴维斯引用了一些学者设想的可被称作智能引擎这样的"小妖"，可以从单一的热库中回收能量，然后用这些能量克服引力抬升质量，同时将信息写入存储寄存器。而像这样想象中的小妖，特别是随着纳米技术的出现，在有的实验中已得到证实，即信息可以转化为势能。戴维斯认为信息与能量之间的相互作用在生物体内已被运用了亿万年，像活细胞内包含有大量的由蛋白质构成的纳米机器，例如驱动蛋白就是。生物体内充满了像麦克斯韦妖那样的微型机器，它们以聪明和超高效的方式操控信息，从混沌中获得秩序，灵巧地躲过了热力学第二定律的"杀戮"。生命是不断变化的化学和信息模式的综合体，这两种模式连接起来形成一个合作与协调的系统，生物信息就是生命的软件。逻辑法则是生命的基础。要全面解释生命，就要同时理解生命的硬件和软件，即它们的分子结构和信息结构。基因的表达和调节是按照网络行事的。

1.3 生命"活"的本质特征是什么

综观前面有关生命的各种学说，虽有不少进展，但仍然不能令人完全满意。生命科学在具体细节方面至今已取得很大进展，但对于生命为什么是"活"的问题上仍然没有提供一个令人满意的答案。这种看法看来并不是我一个人有，上面介绍的几本书都提的是这个问题，并试图给出自己的答案。

这里首先要明确的是什么是生命的问题，正像前面说的，这是个并不好回答的问题。不过各种有关生命科学的书籍都给出了自己关于生命的特征或定义。这些定义繁简不同，但大同小异。我认为其中比较全面的一个是张昀提出的[28]："生命是高度组织化的物质结构。核酸、蛋白质等相互作用的生物大分子构成其分子基础，通过生物膜结构实现其内外之间和内部的分隔化，其内部的无数相关的生物化学反应循环通过偶联，并借助分隔化的结构而组成高度有序的、紧凑的生物化学反应网系统。这个系统靠外界能量输入和内、外物质交换而保持其低熵水平的远离热力学平衡态的有序状态，同时实现其自身复制（再生产）。"这样的定义看来是比较全面的，有人可能认为这是一个令人满意的定义，但我认为这只是一个比较全面的关于生物的"表象"定义，它回答了生物是"怎样活着"的问题，可是并没有回答生物"为什么这样活着"的问题，也没能突出生物与非生物的区别，例如像非生物的耗散结构也具有上述后半部分的若干特性。

在我看来，生物与非生物的根本区别在于生物是"活"的，非生物是"死"的。所谓"活"的主要体现在生物活动的主动性和目的性上，即"自发的指向目标的"活动。在原子层次上，生物和非生物没有区别，但在以碳、氢、氮、氧为主的原子组成生物大分子后，生物大分子的相互作用产生了生命活动。生命活动与非生命活动的根本区别不在于活动不活动，空气的流动产生风，水也可以流动，宏观的固体也可以被搬来搬去，但它们活动的共同点是它们完全是被动的，没有目的的，或者说目的取决于作用于它们的外界条件。而生物的活动是主动的，有目标的，同时两条缺一不可，即主动的、有目标的活动。生物和非生物的活动都需要从外界取得能量，但非生物的活动是无目标的或是由外界条件决定它的目标，而生物则是主动寻找目标。生物的目标并不复杂，一是寻找食物，对应有性生殖的生物来说，则还有在青春期寻找异性的冲动。前者是为了保持个体的生存，后者则是为了物种的延续。例如，植物的根主动向有水分的方向生长，叶片则向阳光多的地方偏移。动物终生除了休息和睡眠的时间以外，其余时间都是去寻找食物。变温动物在寒冷时节会主动找地方晒太阳以吸收热量，有性生殖的动物在性成熟期则到处去寻找异性，他们的这些活动是主动的。即使是发展到最高级的人类，其首要活动也是如此。

中国古人说"食，色，性也"说明食色二者是人的本能活动。动物还有一个基本活动，就是逃避被捕食。总之这些活动的目的都是为了保存自己和自己的物种，而活动是自发进行的，并没有外界事物的要求和驱动。这当然不是说这些活动不需要能量和物质，但生物会主动去寻找能量和物质以维持这些活动。此外也不是说生物没有其他的活动，特别是动物，但这些活动是次要的，它们或是为了适应环境而发展出来的，或是随着进化而衍生的。一句话，生物主动活动的目的就是为了维持这些活动，无论是维持自己或者是维持下一代。换句话说，生物存在的目的就是为了自己和本物种的存在。

非生物则不同，它们的宏观运动是被动的，它们的宏观运动靠外来能量来推动，外来能量停止了，它们的运动也相应受阻停止。它们不会去主动寻觅能量。非生物没有关心自身存亡的功能。它们虽然有一定的抵抗外力作用保持自身的能力，但完全是被动的。没有外来作用时则稳居自己的"稳态"。作为耗散结构的生物可以主动寻觅能量和物质以维持自己的结构，而非生命的耗散结构则不会。好莱坞电影里的机械战警可以在燃料快用完时主动找加油站加油，但它也是被动的，因为这种活动是它的"上帝"——人设计的，它并没有自发补充能量的功能。可以设想，将来会有更多的机器人会自己补充能量（现在已经有了），但它仍然是人赋予的，是被动的，与生物有本质的不同。不错，生物比起非生物来，他具有非生物所没有的一些功能，例如遗传、代谢、进化等，但是单独任取哪一个功能都不能说明生命的本质，就像 DNA 可以说明生物的特性和遗传，但是说明不了作为整体的生命一样，生命是这些功能的有机综合，需要找出这些功能得以出现、得以综合和得以运作的背后原因。

生物为了维持自身和本物种的存在与延续而主动寻找食物和异性的活动是他们与非生物的根本区别。但它却不包含在现今众多关于生物的定义和特性里，岂不咄咄怪哉！

耗散结构提出了一个对理解生命很有说服力的理论，它表明在远离平衡的条件下，由无序中可以产生有序。它给生物通过自组织产生出有序的结构与功能，并得以进化一个原则性的说明。它确实可以说明生物的发生和进化的很多问题，但这个理论至今为止，还说明不了生物的根本问题——生物的主动性问题。因为耗散结构在生物和非生物中同样存在，它需要有一定条件的物质和能量的输入和输出，但它并没有回答生物为什么会主动寻觅适当的物质和能量来创造这个条件。

这个矛盾，反过来看，说明现代物理学对说明生物活动的目的问题是无能为力的，这个鸿沟需要科学的进一步发展来加以解决。

总之，生物与非生物的根本区别不在别处，而在于生物为了保持自身和物种的延续具有主动寻找特定的物质和能量以达到这一目的的能力。这个能力的表现就是"活的"，必须说明这个能力才能说明生物为什么是活的问题。不说明这个能力或说明其他答非所问的问题都说明不了生物为什么是活的。很明显，机械论回答不了生物的主动性问题，它的回答也可说是答非所问。活力论不但缺乏依据，而且也没有回答这个问题。因为对生物的能量也就是活力的来源问题科学现在已经搞得很清楚了。问题不在于能量的需求和供给，而在于生物如何能主动汲取能量并且精巧地转化、分配和运用这些能量在生物求生和求续的一系列活动上。不承认活力论，不等于不需要体现和说明生物自发地求生和求续的这个不同于非生物的最主要特点。而当前对生物的定义就像对一个人的描述只说了他的身躯、四肢、五官以及它们的活动，却没有描述他的"灵魂"一样，这样的描述把人变成了一个"行尸走肉"，这是不能令人满意的。我觉得对生物的定义应该加上"他能主动寻找食物和配偶以维持自身的生存和本物种的延续"这样一条。

尽管今天的实验科学已经使人们对生物的细节了解得相当细致深入，但却拿不出一个令人满意的对生物的总体概括，看来这与长期主导科学的还原主义有关。20世纪中叶，出现了对系统事物或复杂事物的研究，对还原主义是一个冲击。前面介绍的一些著作就是从系统科学或复杂学的角度来研究生命的，虽有进展，但看来还没有取得突破。值得注意的是，与本书研究生命为什么是活的不同，现在主流科学界研究的是生命的起源，看来是企图从起源上来弄清这个问题，其实摆在人们面前的每个生物都具有生物的共有特性，不在他们身上去找答案，而非要跑到他们的老祖宗处去找，岂不怪哉。当然这并不意味着不应该研究生物的起源，但要想从这个途径找到生物为什么是活的答案，则未必是对的。

经过多年的钻研和思索，我终于"悟"出了一个答案，就是本书提出的生物编码信息论。其新颖的地方之一在于提出"生物编码信息可以引起生物本身体内和其他生物体内的生物化学和生物物理学的变化"。对人类来说，更可以泛化为"信息可以引起人本身体内和其他人体内的生物化学和生物物理学的变化"。因为对人类特别是现代人来说，每天接触的还有大量属于非生物编码的信息。

这个假说基于我们每天都时时刻刻碰到的事实，并不需要追踪到生物的起源时刻。它能够比较圆满地说明生物为什么是活的问题。生命是个复杂问题，它是由多个因素决定的，因此不可能有一个简单答案。但是生物编码信息提供了最关键的答案。它也是生物与非生物的根本区别。对于信息学来说，本学说开拓了信息的广义"语义学"领域。生物编码信息就是生物信息的"语义"。

由于发现了生物编码信息的存在，生物学的一些过去说明不了的重大问题可以得到说明，另一些重大问题由于生物编码信息的出现会得到新的或更全面的说明。生物编码信息给自然科学和社会科学提供了一个共同的基础，有助于打破二者之间的藩篱，提供一个自然的过渡。

所谓信息，必须有信源和信宿。也就是说至少必须有二者才能谈到信息，这二者可以是这个生物和其他生物，也可以是生物体内的这一部分和那一部分，还可以是生物对非生物，以及非生物对非生物。总之必须从"一分为二"的角度来分析问题才能认识信息，这是中国传统的主导思路。否则从还原主义的角度出发，即使你能发现生物的最原始最微观的过程，也只能摆现象，而很难加以说明。

2 生物编码信息

2.1 生物信息

　　生物的生活离不开对周围环境信息的撷取和适当的处理，人类更是如此。没有信息就谈不到人的认识问题。尽管信息如此重要，但是把信息提出来单独作为一个科学问题，还是从 20 世纪中叶才开始的。人类意识到信息的重要，以致把今天的社会概括为信息社会。实际上人类对信息的认识才刚刚开始。拿生物对信息的撷取来说，生物视觉和听觉是两个例子。

　　视觉是人类信息的主要来源。在拥挤的商店或运动场的观众席里，你可以用眼一扫，就能在人群中找出你想找的人。动物也有类似的能力，南极企鹅在孵出小企鹅后，父母要轮流下海去觅食，当它回来在冰面上聚集的成千上万的企鹅群体中寻找自己的配偶和孩子时，并没有太多困难，很快就可以在众多相似的小企鹅中认出自己的孩子。

　　具有视力的不同生物对不同波段光谱接受的灵敏度不同，从原生动物的由胡萝卜素颗粒构成的感光眼点，到蚯蚓皮肤的感光细胞，再进化到脊椎动物的感光神经细胞和色素细胞，生物对外界光学信息的接受过程越来越复杂，越来越精细。拿人来说，可见光从眼球进入角膜，然后通过瞳孔、晶状体和玻璃体液到达视网膜，从视网膜开始光学信息转变为神经兴奋和信息的加工过程，通过视锥细胞和视杆细胞的光能转换后形成的感受器电位汇聚到视神经，最后抵达视皮层。这个视觉加工的过程十分复杂。而对于人和某些生物来说，通过这个过程来辨别具有高度特异性的对象却十分容易，瞬间即可完成。像面部识别这样的过程科学最近才能做到，它是靠条分缕析的分析再加上综合比较才做到的。人和生物在辨别同伴时，并未测量两眉间的距离或脸的长宽比等这类参数，而是和脑子里的储存信息作对比，一下子就比出来了。

　　再拿听觉来说，情况也类似。当我们接亲人和熟人的电话时，只要对方说一声 hello 或随便一个什么样的短语，我们马上就能判断出他（她）是谁。

这种瞬间分辨高度特异性声音的能力不仅人类有，许多生物也有。许多鸟类和营群居生活的兽类不但能根据叫声来分辨本群体和其他群体，还能分辨与自己关系亲密的个体——像母亲和子女的声音。生物的这种对高度特异性声音的瞬时分辨能力也是科学仪器很难做到的。

生物是怎样具备这种能力的呢？首先让我们分析人的发声。人的发声器官很复杂，声带是产生振动的器件，口腔、鼻腔、喉腔、咽腔和胸腔用来产生共鸣。调节声带的松紧可以发出不同音高，加上调节共鸣腔的形状，就可以发出不同特色的声音。人声因人而异，有不同的音色，音色是基音的组合。其他动物的发声器官虽然不像人那样复杂，但也是够复杂的。脊椎动物也用与人类类似的声带发声。鸟类没有声带，而是利用在气管和支气管交叉处形成的被称作鸣管的器官发声。有些鸟类发出的玲珑婉转的声音"谱"也很复杂。人和某些动物利用这些高度特异性的声音来传达特定的信息。它们发出什么样的声音是由脑控制的。

再看动物是怎样接受听觉信号的。高等动物都发育有听觉器官——耳朵。脊椎动物的听觉器官由内耳、中耳、外耳构成。以人耳为例，声波通过外耳的耳廓和外耳道进入中耳，中耳的鼓膜发生机械振动，鼓膜的振动带动三块听小骨，即锤骨、砧骨和镫骨，听小骨再把振动传至卵圆窗，引起内耳淋巴液的振动；此外声音还可以通过空气传导和管传导进入内耳。内耳的耳蜗中有基底膜，基底膜上有毛细胞；由中耳传来的压力波引起耳蜗内的淋巴液流动，使毛细胞顶端的纤毛弯曲，纤毛插入上方的盖膜；纤毛的弯曲使盖膜与纤毛之间发生相对位移，如拨动琴弦一般，纤毛顶端的弹簧门控通道被这股机械力打开，导致带电离子流动，产生感受器电位，实现声电换能；转换后的听觉信息沿耳蜗核、上橄榄核、外侧丘系，下丘及内膝体上传，最终达到大脑听皮层，形成听觉。

由此可见，声音的发出，经过空气介质的传递再到达大脑皮层，过程十分复杂。声音不只可以通过空气传递，还可以通过电话和各种音响设备间接传递，介质也可以不是空气，由于传递介质的不同还可能造成声音的失真，但人和某些生物仍能在不同介质条件下毫不困难地瞬间辨别出是哪一个同伴的声音。每个生物、每个人的声音都是不同的，具有高度的特异性。声音的接受方由于长期反复地接受对方的声音，已经把对方的声音"储存"在脑子里，当再一次听到对方的声音时，储存在脑子里的"记忆"立刻"响应"，马上就把对方辨认出来了。

科学直到不久前才能辨别不同人或生物的声音，方法是利用声学仪器对声音进行记录和分析，从音调、音频和音色各方面进行"分解"，再与不同的人声或动物声逐一作对比，根据符合程度的多少来辨别这个人或生物是哪一个，这个办法是相当麻烦的。而在熟悉发声者的人或生物那里，一瞬间就做到了。前者和后者所用的方法不同，前者是靠分析，后者则靠"直觉"。这个"直觉"与通常讲的作为一种直接的领悟性的思维活动不同，是指生物在生理上瞬时察觉和理解的过程。

听觉与视觉有一个重要区别，就是动物可以利用发声器官主动向其同伴或其他动物发送信息。而除个别物种（像发光动物）外，一般动物不能主动发送视觉信息。声学信息也是一种编码，对生物的交往和进化起着重要作用。

在嗅觉方面有些生物也有辨别特异性的能力。例如，哺乳动物（像虎、豹、狮子）都有用撒尿来标志自己"领地"的习惯，它们可以根据尿液的气味来区别彼此。它是靠化学作用，即尿的分子挥发到鼻孔直接与嗅觉器官作用而感知信息的。又如触觉，是外物与生物皮肤直接接触而产生的感觉。再如味觉、痛觉、温度觉等也是属于直接接触而造成的感觉。而前面讲的视觉和听觉则不同，它们是靠光波和空气的振荡来间接传递信息，信息源与信宿并没有直接接触。就像维纳说的，信息既不是物质也不是能量，信息就是信息。但是传递信息离不开负载，像光波和空气等介质就是传递信息的负载，是物质，但并不是信源的物质。尽管视觉和听觉是靠介质间接传递的信息，但它们的作用却很大，像人的信息 90% 以上来自视觉。信息的传递还需要能量，只是单独传递信息所需的能量很小。按二进制信息考虑，一比特的信息为 $\log_e 2$，相应的能量变化为 $kT\log_e 2$，kT 在室温的值约等于 4×10^{-21} J。生物中 3 个碱基组成一个遗传密码、决定一个氨基酸，其信息量为 $\log_2 4^3 = 6$ 比特，说明能量很小[115]。而一个人大脑的功率消耗只相当于一个 15W 的灯泡[84]。

当然，在传递信息的同时，作为中介的光波和声波也对信宿产生作用，但这些作用与信息的作用不同，可以与信息区分开，并且是可以用物理和化学理论予以说明的。物质、能量和信息三者既互相依存，又各有其独立的作用。

在生物出现以前，地球上也有非生物的信息作用。它们有的是附着在作为信息源本身上的信息，例如石头碰上另一块石头，这时信息与信息源是一回事，信息的单独作用显示不出来。此外，也有通过光波、声波等传递的间接信息，对这样的信息可以利用现有的科学仪器进行波谱分析。实际上，现代的物理和化学仪器主要作的就是这一类分析。

地球上出现生物以后，除了非生物的信息以外，又出现了生物信息。正像前面说的，生物信息具有高度的特异性和复杂性，这种特异性的信息也只有相应的生物才能理解，才能发挥作用。当碰到了不懂这种特异性的生物和非生物时，它的作用与非生物信息的作用相同。到了现代人类出现以后，人类对生物信息的利用又有新的发展，不但这种特异性高度发展，形成了口头语言，更能够把语言以文字的形式留在非生物的介质上，把生物信息又提高到一个新的高度。下面看一个例子：

一支在山中待命的部队接到书面命令，要求这支部队上山。于是这支部队目标向上，向山顶攀登；反之，如果这支部队接受下山的命令，它就会目标向下，向山下走。这两种情况部队的行动方向截然不同，方向相反，而决定其方向的却只是两个字。一个是向"上"，一个是向"下"，两个字的笔画完全一样，只不过一个横在下面，一个横在上面。两个命令所用的物质和能是完全一样的，差别就在于所负载的信息不同。这是信息简单的情况，但对于复杂信息，原则也是一样。信息的产生和传递不需要很多物质和能量，但其指挥和调控的作用极大。历史上的间谍战、密码战等信息战曾对历史的进程起到了重大甚至决定性的作用。这是人类对生物信息高度发展的成果。人类不但像其他生物一样，能够利用生物信息，还能利用像文字、图表等这样间接的介质信息。换句话说，生物信息对人类起作用，介质传递的间接又间接的信息也同样对人类起作用。这不是说间接介质信息只适用于人类，动物也能在低级的水平上运用介质信息。例如，草食动物对周围的风吹草动特别敏感，它们通过风吹草动来捕捉食肉动物的信息；苍蝇和蚊子通过周围气流的扰动感知人对它们的扑打；经过训练的狗可以根据主人的手势和叫声理解主人的命令。但动物所能理解的间接介质信息都是比较直接和低级的，与人所能理解的介质信息有质的区别。

2.2　生物信息是编码信息

上面讲的生物信息的高度特异性自然与生物的感觉器官（例如，眼睛、发声器官和接收器官）的分辨能力有关，这些能力是天生的，生物信息以及感觉器官的高度特异性与复杂性归根结底与生物的核糖核酸包括 DNA 和 RNA 的组成有关。DNA 和 RNA 信息自然属于编码信息，具有高度的特异性与复杂性。但生物信息不能完全归于 DNA 与 RNA，还与蛋白质有关，同样的 DNA，可以伴生不同的蛋白质。基因与蛋白质有编码关系，蛋白质信息也是编码信息，因此光是核糖核酸还不能说明全部问题。后面还要讲编码信息在生物体内无处不在，它的作用也无处不在。上面讲的生物感觉器官是生物编码的衍生物。同时有很多生物编码信息是感觉器官感觉不到的。拿人来说，人与人的基因大约 1000 个核苷酸里只有一个不同，这被称为单核苷酸多态性（SNP）。其实其他生物个体与个体之间的差别也类似，都很小。但人和生物却有辨别由这么小的 DNA 差别所导致的躯体和生理差别的能力（当然这些差别也有周围环境所塑造的因素）。这种细微差别的瞬时辨别能力是任何由无生命物质构成的科学仪器所不具备的。换句话说，活着的 DNA 的差异可以由活着的 DNA 靠回忆和对比来辨别。这并不是说科学仪器不能察觉这些差别，但是要采取迂回和繁琐的途径，而生物只靠直觉的"响应"就能做到。生物之间的这个效应一直被中医所强调，譬如中医的号脉就是靠医生用自己的手直接测量患者的脉搏以诊断病情。古代西医也如是，像希波克拉底体系强调医生要用手接触病人的胸部以测量体温，叩诊查肝脏和脾、肺以及听诊等[30]。这种靠生物特异性来诊断病情的手段有时比仪器诊断更有效。这个能力是以 DNA 与 DNA 等生物大分子长期交互作用所形成的"记忆"为基础的。

由无生命的物质器件组成的科学仪器也无法感知 DNA 与 DNA 等生物大分子相互作用时生物的主观感受。无生命仪器的传感器可以非常灵敏，其灵敏度甚至可以超过生物的感觉器官。但是它们没有对生物特异性响应的能力。它们只能在自己的能力范围内执行无差别的响应和记录，对特异性要靠以后的分析、综合和对比。

科学仪器有一个突出的长处，就是它的客观性。这与科学的一个重要原则是一致的，即客观性原则。科学要尽量排除主观因素，一个人看到和认识到的不能算数，必须多数人看到和认识到才算数。一个人作出的实验结果也不能算数，必须他人也作出同样的结果才行。客观性原则可避免偏见和假象，自然能被大家承认，具有权威性。但是这样科学就给自己划了一个范围，即它只能承认人人都承认的带有共性的东西，而忽略了带有个体特异性的东西。

换句话说，个体特异性超越了科学的视野，是科学的盲点。举个例子，科学只承认用温度计测得的温度读数，而不承认个体的主观冷热感受。而同样的体温读数，对不同人或同一个人在不同条件下的主观感受可能是不同的。在不同的季节，人们对天气预报的同样温度感受就不同。尽管这些主观感受不是"假"的，但科学却管不了这些。科学并不是绝对不能研究特异性问题，但是要靠科学承认的手段和方法来作迂回的研究。由于认识不到科学的这个弱点，许多有关生物的问题得不到承认，自然也无法解决。

其实，生物对外部环境的识别以及对自身躯体的识别与上面讲的对生物特异性的识别所用的感觉器官以及相应的 DNA 等生物大分子系统是同一个。也就是说，生物对外界（包括自身躯体）的感知与无生命的物质（例如，镜子和电子线路）对外界的"感知"（交互作用）方式是不同的。前者的器官和功能尽管五花八门，但最终都要归到 DNA 和蛋白质，后者则可归为物理和化学的作用。生物也要承受外界的物理和化学作用（例如，受到石头的打击或酸的腐蚀），而对这些作用作出反应的归根到底是 DNA 和蛋白质，而无生命的物质对外界作用作出反应的是它自己。这个差别在生物和非生物都与外界无生命的物质交互作用时看不出来。受石块打击骨头折断了，可以用一块石头被另一块石头打断的同样的物理学原理加以解释。皮肤受了酸的侵蚀，也可以用石头受酸侵蚀的同样的化学原理加以说明。实际上我们今天对生物的研究绝大部分都是用物理学和化学来说明问题，把生命与非生命同样看待，这样来研究的生物是死的。同时像前面说的，历来的学者都一再强调生物学的一切问题都应该从物理学和化学那里来得到说明。从薛定谔开始，他的看法是"今天的物理学和化学在解释这些事件时显出的无能，绝不能成为怀疑它们原则上可以用这些学科来诠释的理由"[15]。DNA 螺旋发现人之一的克里克说："生物学当代运动的最终目标事实上就是根据物理学和有机化学解释生物学"[31]。许多学者都这样说，从而使人们有意和无意地无视了核酸与核酸、核酸与蛋白质、蛋白质与蛋白质之间的交互作用，这些作用包括化学作用，但还有被忽视的这些生物大分子之间靠编码的特异性互相响应的作用，也就是生物编码信息的作用，而生物编码信息的作用是今天的物理学和化学说明不了的。

编码信息的首要条件是信息的发送者（信源）和信息的接受者（信宿）要有共同的"语言"，从而彼此之间可以"理解"。在共同"语言"的基础上它们借助编码的特异性来决定信息的内涵以及信宿对编码信息是否反应（响应），以及作何种响应。生物中的核酸和蛋白质以及组成它们的核苷酸及氨基酸既是编码信息的信源，又是编码信息的信宿。不同编码的特异程度并不相同，有的编码列中一个编码的差异会导致此编码列的功能发生质的变化，有的则变化很小甚至没有变化。这和我们知道的基因编码的差异会导致功能改变（例如，人的血红蛋白基因上一个编码的改变可以导致镰刀型贫血症），而在三联体密码中不同的 3 个核苷酸序列可以编码同一个氨基酸一样。

三个核苷酸编码可以决定一个氨基酸的三联体密码是我们知道密码关系的唯一生物编码信息，这是生物学的一个重大发现。本书认为，核苷酸和氨基酸之间，核苷酸之间以及氨基酸之间也都有这种编码之间的交互作用，只是我们还没有认识到这种编码，还没有从这个角度去研究问题。正像上面讲的生物特异性的例子，不从这个角度去分析问题有些问题就难以得到说明，而从这个角度分析问题不但上面的问题可以得到说明，正像下面将要看到的，许多至今尚未得到说明的生物学重大问题也可以得到说明。换句话说，生物编码信息是解决尚未解决的诸多生物学问题的一把钥匙。

虽然我们除了三联体密码外还不知道其他的密码，但我们已经掌握了大量生物体内众多反应的偶联关系。问题在于至今我们仍未从生物密码的关系上来考虑解释这些问题的可能性，自然就不会从这些已掌握的关系中发掘其中存在的密码关系。我们在生物体内已经发现了众多用化学解释不了的反应关系。我们现在甚至对三联体密码本身还不能提供一个化学理论上的解释，生物化学的书籍在讲三联体时只能提供一个表象的陈述，而并没有从化学的角度来解释它，这难道不提醒我们，生物界还存在一种超乎化学关系的一种密码关系吗？

我们知道，宇宙有四种基本相互作用。在这四种相互作用中，强力和弱力是亚核水平的力，不涉及日常生物体内的反应活动。生物体内的日常反应活动只涉及其余两种作用，即引力和电磁力，化学反应属于电磁力范畴的活动。引力和电磁力作用的共同点即它们的作用在于吸引与排斥。从生物编码信息的交互作用看，它们也属于吸引与排斥。这是生物大分子链彼此之间的一种交互作用，也就是说，这种作用是核酸和核酸之间、核酸与蛋白质之间、蛋白质与蛋白质之间以及这些长链大分子和核苷酸和氨基酸之间的吸引与排斥作用，是在核苷酸与氨基酸分子的化学作用基础之上的、大分子"集团"

与"集团"之间的交互作用。这些作用中起主导作用的是吸引。大分子"集团"之间有无交互作用、作用是吸引还是排斥，以及吸引与排斥作用的强弱都取决于它们的生物编码彼此之间能否"响应"。这是发生在生物大分子彼此之间的作用，这种作用不会发生在生物大分子和无生命的科学仪器之间，因为它们之间并无响应关系。由于没有仪器能测量出这种作用，所以科学至今没能察觉这种关系。实际上，它们是存在的。

有了这种关系，一些关键性的生命活动就可以得到理解。拿生物个体与个体之间的关系来说，食肉动物与被捕食动物之间，就表现有吸引与排斥的关系。被捕食动物对食肉动物表现为吸引关系，而被捕食动物对食肉动物则有排斥关系。由于这种吸引与排斥关系，食肉动物在饥饿时要千方百计去找被捕食动物，被捕食动物则要尽力逃避食肉动物的追捕。青春期的动物为什么要去追逐异性？就是由于动物个体之间的吸引力。为什么作为母亲的雌兽会爱护幼兽？是由于彼此间的吸引力。为什么生物群体之间有亲疏之别？是由于吸引力的大小不同。这不是说，它们之间就没有排斥了。有时排斥力起主导作用，例如，这一群体和另一群体的同一物种之间排斥就起主导作用。同一群体内的个体平时可以和平相处，但在有些情况下可以打得你死我活，此时排斥占主导。为什么不同动物的食谱不同，有的要食草，有的要食肉，有的要食杂食，即使是草或肉也不是什么草或肉都吃，而各有其特异性，这是不同动物对于不同食物吸引的特异性。为什么捕食动物不能直接把被捕食动物的一部分变成自己的一部分，而必须把它吃了消化掉，才能为自己的目的服务，除了为产生能量外，一个主要原因就在于首先要破坏食物的原有特异性，把它改组为自己的特异性，才能成为自己的一部分。这种说明显然与现有的说明不同。现有的说法认为，胃里空了，信号会传至脑中，产生饥饿的感觉，动物就会去找食物。因为找到食物吃掉，就可以平复饥饿的感觉。这种说法讲的是事实，但并没有说明饥饿和"找"的逻辑关系。汽车的油箱空了，汽车并不会自动跑到加油站去。这种说法更不能说明所找食物的特异性。现在对特异性的解释，是生物进化、自然选择的结果。我们承认自然选择在生物进化中的作用，但它不能说明这种特异性由何而来。对寻找异性的现有解释也存在类似的问题。现有的解释从性激素的角度说明问题，它说明的也是事实，但没解释为什么要找同物种的异性才能解决它因性激素而躁动不安的问题。不错，生物的这个特性是进化来的。选择是由多种可能性中选出一种或几种可能性来，但选择不能说明这种或这几种可能性为什么存在。

前面讲了，生物与非生物的根本区别在于生物能主动寻找食物和异性以维持自身的生存和物种的延续，而主动的根源就在于生物大分子之间的吸引与排斥作用。自然选择的基础是变异。达尔文承认"我们对于变异法则，仍是无知的"[68]。但他将变异分为两类：一类是定向变异，与环境的诱导有关，在此意义上，他并未完全抛弃用进废退的拉马克学说；还有一类，是不定变异，与环境诱导无关，是自发随机的，是自然选择得以起作用的素材[116]。应该看到，生物编码信息的吸引与排斥作用对变异也应有影响。这种吸引和排斥作用来源于生物编码，它的作用不像万有引力或电磁作用那样简单，不可能用一个简单的公式来表明力的大小。一个个体由众多细胞组成，虽然各个细胞的 DNA 相同，但各个细胞之间的蛋白质各不相同，一个细胞内部也有众多不同的蛋白质。因而生物编码作用极其复杂，它们之间以及它们与其他组分和邻居之间互相作用、相互干扰，也相互协调。个体与个体之间的吸引与排斥作用是这个个体的众多细胞与那个个体的众多细胞交互作用的总结果，这并不意味着每个细胞的作用是相同的，甚至不意味着一个细胞内部每个部分的作用是相同的。细分下来，可能吸引、排斥作用都有，只不过是总的效果是吸引或排斥而已。因此，条分缕析地把不同的 DNA、蛋白质之间的交互作用的规律找出来，也就是把它们之间的密码关系找出来，是科学下一步的任务。

其实，有的作者已经意识到生物体内的这种吸引和排斥作用，例如贝塔朗菲就提出过生物体内有"特殊的吸引力"（见 1.2.2 节）。但那时他还不能形成明确的看法。再如里查德·道金斯在他的《自私的基因》[117]一书中，谈到基因复制的出现时说："让我们假定每一块分子构件都具有吸引其他同类的亲和力""一个更为复杂的可能性是，每一块分子构件对其同类并无亲和力，而对另一类分子构件却有互相吸引的亲和力"，把亲和力作为基因复制的前提，但是并没有进一步论述这"亲和力"是怎么来的。其实，这种总体上以吸引为主的吸引排斥作用最有说服力的表现之一是生物在进化过程中体型变得越来越大，没有吸引和排斥，并且以吸引为主，这个长大过程是不可能发生的。

在生物的化石记录中体积增长的趋势也很常见，古生物学中常称这种进化趋势为"柯柏法则"（Cope's law）[28]，当然也有减小的，但是少数。吸引作用的表现在生物中比比皆是，像真核细胞由若干原核细胞和真核生物祖先的胞质共生而成；DNA 由单链可以合成双链等，到处都可以发现。生物编码信息产生的吸引排斥作用，是一种可以发生在超距的作用。它既发生在生物和生物之间，也会发生在生物内部。可能导致生物大分子之间的化学直接作用，也可能是通过内部介质的超距作用。寻找食物和寻找异性，则是发生在个体与个体之间的超距作用的表现。

无论是发生在体内还是体外，这种生物编码之间的关系需要破译，它一般会比三联体关系更为复杂，但破译任务也有它的有利方面，那就是现成的资料众多。就拿酶来说，现在认识到的酶与底物的关系已经非常多，显然，它们之间是有吸引关系的，不然酶不会及时地出现需要它的地方。过去人们并未考虑到它们之间可能有密码之间的相互作用关系，自然不会去找它们之间的密码。有了这个认识，就可以去寻找密码。找到这种密码反过来又可以证实这一假说。这一任务看来并不容易，但是可以实现。

长期以来人们认识不到这种关系，看来与研究的方法论有关。按照还原论的思路，人们以个体为中心并把个体解剖为局部来研究问题，结果是忽略了个体内局部与局部的作用，更重要的是忽略掉了个体与个体之间的作用，特别是生物信息的作用是看不见、摸不着的，因而生物信息编码的这个根本作用就被忽略了过去。

其实，生物编码信息的作用是生物活动的前提，是生物的本质特征——主动性和目的性的根据。没有这个前提，就谈不到生物的诸多合乎逻辑的活动。英国牛津大学的教授苏珊·格林菲尔德在她的科普著作《人脑之谜》一书[124]中说"大脑不一定按算法运转：例如，什么是常识的规则？物理学家尼尔斯·玻尔（Niels Bohr）曾训诫一个学生：'你不是在思考，只是在作逻辑推理。'事实上，根本没有外部的智力为大脑编程，它是前摄性的、自发地运转着。当决定去散步时，只是因为它'喜欢这样'……一台无所事事的计算机没有去执行其主要功能，而一个不在干事的人则有可能正在经历一次顿悟。"她所描述的正是大脑前摄性和自发性的活动，它要散步、顿悟等自发活动都是生物编码信息的作用而不同于计算机的编程，在此基础上才有生物的逻辑活动，因为没有合乎逻辑的活动生物就不能高效率地取得食物和配偶，以及逃避被捕捉。

20 世纪 80 年代生命科学领域出现了一个新的亚学科，就是生物信息学

（Bioinformatics）[32]。从广义上说，生物信息学可以指利用信息技术管理和分析生物学数据。就基因组数据分析这一角度来看，生物信息学主要是指核酸和蛋白质序列数据的计算机处理和分析。其中包括对生物信息的查询、搜索、比较、分析，从中获取基因编码、基因调控、核酸和蛋白质结构功能及其相互关系等知识，但着眼点主要是核酸或蛋白质个体本身的结构与功能。我们讲的生物编码信息则主要是从这些生物大分子之间的交互作用来考虑问题的，重点是生物大分子之间的关系。这部分内容无疑可以作为生物信息学的一个新的组成部分，与其他部分相互融通，互相促进，以加深人们对生命的理解。

对信息的理解属于广义的语义学和语用学范畴，生物编码信息也应属于这一范畴。一般讲的信息都是指人与人或人与物之间的信息，是以人为中心的。广义信息则包括非人生物对信息的理解与运用。人与人之间的语义和语用问题不属于自然科学，自然科学主要研究信息的收发和传送，尽管说今天的时代是信息时代，但对信息的研究还并不全面，像生物编码信息还有待人们进一步去开拓。

对生物编码信息的认识也应导致对哲学认识论的调整，不能把人的认识等同于像镜子那样的反映论。人是靠核酸和蛋白质来接受和反映外来信息的，比镜子复杂得多，后面的论述还要进一步说明这种复杂性（见2.3节）。

2.3　生物信息可以引起生物化学和生物物理学反应

这里说的信息可以引起生物化学和生物物理学反应，指的是一般信息就可以，当然也包括生物信息。对于现代人来说，除了每天人与人接触接受到生物信息外，主要收到的是非生物信息，像文字资料以及各类电信等。非人生物也接受非生物信息，但主要接受的是生物信息。这些信息都可能引起生物体内的化学和物理学反应。前面讲了，生物收到信息，如果发生响应，它们会产生一系列相应的动作，这些动作是体内一系列生物化学和生物物理学反应的结果。在体内，诸多的化学和物理学反应相互偶联、相互影响。这些反应，许多可以用化学和物理学的原理加以解释。许多反应，主要是酶的反应，还要用生物信息的交互作用加以解释。没有酶的作用，许多化学和物理反应串联不起来，因而也不会发生。引起这些反应的源头在许多情况下是信息。这类情况比比皆是。

举一个例子，可以说明这个问题。一个人出车祸死了，他的亲人在现场目睹此事，悲痛欲绝，产生了悲哀和愤怒的情绪。在生理上表现为交感神经系统的活动增强、心率加快、血压升高、胃肠活动抑制、出汗、瞳孔散大、喉咙堵塞等。这无疑是体内因外界信息引起的一系列生物化学反应的表现。但这个过程不只是外界信息起作用，体内原来所储存的信息，包括先天的本能和后天此人与死者长期接触所积累的记忆也同时在起作用。同样的血腥场面，如果为死者的仇人所目睹，则会引发高兴的情绪，虽然心率也会加快，但肌肉会放松，消化腺活动会增强，总之与死者亲人体内的生物化学反应不同，其差别则是由于此人以前所积累的信息与死者亲人的不同。即同样的外界信息可以引发不同的体内反应。这个问题将在情绪一节里进一步讨论。

车祸的例子带有极端性。它可以明确地揭示信息对生物体内化学和物理反应的作用。其实信息的这类作用在人们日常生活中比比皆是，只是没有车祸那样强烈而已。其他动物也类似，像有些兽类，两个个体在四目对视时，尽管没有任何动作，但双目对视就传达了敌对的信息，它们的身体就要采取相应的进攻或逃避的行动，所以人要避免直视这些兽类的眼睛。人与人之间不需要做任何肢体动作，只靠眼睛也可以传达各种信息，它不需要任何有意的动作。例如，父母与孩子互动时，双方的情绪和心率会同步；成人与婴儿对视时可使二者脑电波同步等，说明生物信息到处在起作用，只是我们视而不见而已。

人们在谈影响化学反应因素时，通常谈温度和压力。在有催化剂的时候还谈催化剂，把酶和无机催化剂同等看待。其实酶和无机催化剂作用不完全相同，无机催化剂的作用是化学作用，而酶的作用则包含有生物编码信息的作用。生物编码信息包括酶，但不只是酶，还有超距的其他生物编码信息的作用，因而总的来说生物化学反应速率应该是 v（T，p，生物编码信息，……）。

总之，单独只是信息，只是一般的信息，就能在生物体内引起相应的生物化学和生物物理学作用，这是人人每天都碰到的，但是只有在今天，在这本书里才提到，这不是明显的视而不见吗？这里再强调一点，即无论是亲人还是仇人，他们收到的都是通过光线和空气传来的间接信息。尽管直接信息也会引起痛苦或欢乐，但在多数情况下感觉和情绪都是间接信息引起的，这些间接信息比直接信息的信息量大而且复杂，说明单独只是信息所引起的强大作用。

2.4 后天和先天储存的生物信息

前面讲到外来信息通过与生物原有"记忆库"储存的信息进行比较，然后作出"响应"。生物对外来信息的接受能力和反应具有高度特异性，不但与生物先天具有的感觉器官和记忆器官有关，还与它后天储存的"信息"有关，而且与它先天储存的信息也有关。原生单细胞生物变形虫，没有分化的器官。实验表明，饥饿的变形虫能够吞食洋红的微粒，但是消化不了。经过多次的吞食和排出后，它就不再吞食洋红了。一种已适应黑暗环境的变形虫，当爬入光区后，其伪足会缩回。如在其前进方向设一光区，随着实验次数的增加，伸入光区的伪足数目会逐渐减少。实验10~20次以后，就不再向光区伸出伪足了，此结果可以保持24h。说明即使是单细胞生物，已具有初步的学习和不长时间的记忆能力[33]。随着生物的进化，多细胞生物发展出越来越复杂和完善的器官，其"记忆库"的内涵也越来越丰富和多样，对外来信息的"响应"也越来越丰富和多样。到了人类的近亲黑猩猩，它可以使用大约三四十种不同的声音，表达三四十种意义。但它还不能像人那样，把3个音节连在一起。只有人能把音节连成词组，再连成句子[29]。至于人类，前面讲的亲人和仇人对同一事件的不同反应说明了后天记忆的影响。这些都说明生物进化使不同物种具有不同水平的后天接受、记忆和响应信息的能力。这种后天具备的记忆能力与生物先天具有的"记忆"亦即本能有关。生物的本能是先天的，与生俱来，不需父母教导。它是科学难以解释的问题，只能用基因和基因组的作用加以泛泛的说明。例如，植物捕蝇草由叶片组成的捕捉器在0.1s内即可闭合捕捉昆虫[35]。变色龙用它长长的舌头瞄准黏取猎物快速取食。有些生物具有改造环境为己所用的本领，蜜蜂会为自己建造几何形状规则的蜂巢；蜘蛛可以吐丝筑网捕食；白蚁可以为自己建造十分复杂的蚁穴。有些生物识别路径的能力很强，像鱼类的生殖洄游，大马哈鱼、鲥鱼、鲟鱼从海洋溯河洄游到黑龙江、长江产卵；鸟类（像秋天迁徙的金行鸟）沿俄国和我国海岸线飞越大海，经过4000km的旅程到夏威夷群岛过冬，这些迁徙总是沿着固定的路线，从不迷航[36]。这种经过多次往返、代代相传的本领变成了本能。至于信鸽可以飞越上千千米以上的距离仍能准确回到原出发地，更是常见的科普课题。科学在本能这些问题上并不是无所作为。例如，关于鱼类洄游问题，研究表明，鲑鱼产卵时要从太平洋洄游数千千米找到幼时生活过的哥伦比亚河。它们先是靠太阳和星星定位，找到河流入海口的大方向，至于进入哪个海口则是根据水的化学成分，依靠化学感觉来找到"故乡"[37]。在鸟类迁徙的问题上，有人认为有些鸟类是利用视觉锁定路途上的一些标志来导航；有的鸟类可以利用太阳和星辰来定位；信鸽可以利用地球磁场导航；有些鸟儿的上喙中有极其微小的铁化合物晶体，作用像一个小小的罗盘；还有人认为，鸟的眼睛里有一种蛋白质（Cryptochrome），在光和磁的作用下，经历一系列量子过程，对磁场的强度和方向起反应，作用像一个单分子罗盘[38]。不过稍加思索就可以发现，上述研究涉及的只是动物识途的"工具"部分。不论是日、月、星辰，抑或是地标、地磁，是识途的"方法"，但动物识途的另一个关键前提却是它的"记忆"和"回忆"，也就是记住它们走过的路途和回想起这些路途的问题。有些路途甚至是它们自己并未走过，而是它们的先辈走过的。关于本能的研究有时正像是问你如何去你朋友的家，你却回答是骑单车去的一样。"工具"自然需要研究，但代替不了对生物"记忆库"的研究。人们对信鸽长途旅行而能返回感兴趣，但研究又只用化学和物理学的方法，于是有意和无意间只好用对"工具"的研究来作出回答，给感兴趣者以似是而非的满足。而对于"记忆"问题，则很少有科普文章作出回答。

这里把本能归为生物具有的先天记忆，即生物个体虽然对事件没有亲身的经历，但却遗传有上一代以及上许多代祖先经历积累下来的记忆，这些记忆成为生物个体的"软件"和"地图"，用来指导个体的行动，并以此为基础，积累后天的记忆。这种提法与现在通行的说法不同，但并不涉及遗传和记忆的机制，这里并不讨论遗传和记忆的机制，只是对事实作描述，说的是事实。

2.5 线性生物大分子的振荡

生物编码信息来自核酸和蛋白质中的编码，本书认为其传递的机制与核酸和蛋白质的其他作用不同，靠的是线性生物大分子的非线性振荡。这种振荡能由电磁波或声波等这样的介质负载，作不同距离的传递，也可以通过体内的其他介质传递。传递的带有特异性的振荡可以与另一个带有能与它发生响应的特异性振荡的信宿相互作用，从而引起信宿的某种变化。

从组成生物的基本粒子原子和分子开始，原子和分子的聚集体通过多个层次成为生物个体，每个层次都具有每个层次的周期运动。拿人来说，人的各种器官的宏观周期运动是我们所熟悉的，例如心脏是推动血液流动的动力器官，心率在安静时约为 75 次/min，跑步时约为 150 次/min。正常的血压在收缩压（90~120mmHg）和舒张压（60~80mmHg）之间不断脉动。在细胞层次上，心脏的运动是由于心肌的运动。心肌包括数量占绝大多数的普通心肌细胞（工作细胞）和少量的自律细胞。前者引起心脏的收缩活动，后者引起心脏的节律性活动。但它们的节律并不简单，健康人的心率即使在静息状态下也并非恒定，而是有涨落的。正常心跳的动态特性接近于奇异吸引子[118]。所谓吸引子是指系统运动的一种终极和稳定的状态，只要系统尚未达到吸引子态，现实状态与吸引子态就存在指向吸引子的牵引力，牵引着系统向吸引子态运动，而奇异吸引子则代表系统作混沌运动，混沌是非线性动态系统的一种可能定态，轨道在相空间不是单调变化的，但又不是周期性的，而是非周期地曲折起伏变化的，表现为运动轨道是连续不断变化的、但是没有明显规则或秩序的许多回转曲线。人的呼吸大约为 6s 一次，而呼吸运动是由胸腔的节律性舒缩活动完成的，它由呼吸肌的舒缩活动引起，最主要的呼吸肌是膈肌。人的消化器官等也不停地做着周期运动。人还有约为一昼夜的生理周期，包括睡眠、体温、激素、电解质等。此外，人还有超过一昼夜的周期，像月经；还有一生的发育生长周期。像人这样的以秒、分、小时、昼夜、月、年为单位计算的运动周期在其他动物和植物中也比比皆是，例如，许多植物白天舒展它的叶子，晚上则收缩起来。大多数植物的年周期十分明显；大量的无脊椎动物和哺乳动物的行为均有昼夜节律。熊、蛇类和许多昆虫有以年为周期的冬眠习惯；蝉从蛹到飞虫的周期为 13~17 年等，不胜枚举。

分子生物学的研究表明，生物机体的周期性活动是由生物内部的生物钟驱动的，并与生物外界的节律变化有一定的同步关系。生物钟是生物适应自然变化的结果。究竟是哪些外部因素对生命节奏产生了影响，在理论上还没有一致意见[39]。在人类身上，至少有三个层次的生物钟。第一个层次是控制从生到死的大生物钟，它是建立在各种不同周期生物钟基础之上的管钟的钟，其活动的控制信息就蕴藏在受精卵的遗传物质中。第二个层次的生物钟是支配钟，又叫主钟，即视交叉上核（SCN）。在视网膜与丘脑下部之间有一个单独的神经通路，它直接从眼睛通向丘脑下部中一对比较小的细胞群，被称为交叉上核，它控制着时间程序，可以产生节律性神经和激素信号，影响大脑其他区域、外围内分泌器官（如松果体）及行为的节律性，使存在于外围组织器官内的"子钟"的活动协调起来。第三个层次是建立在组织器官水平上的生物钟，是处于不同解剖部位的指导机体产生某种特定节奏的"钟群"。所有生物钟的运转都受到相应基因的控制。

生物钟的运转受相应基因的控制，这些驱使生物钟"指针"摆动的基因称为生物钟基因。这种生物钟基因首先在果蝇中发现[40]，被称作 per 基因。per 的 mRNA 生成蛋白质 PER。果蝇的大脑（侧神经元）和眼睛的一小部分细胞中的 PER 蛋白质的丰度有 24h 的节律。per 通过 mRNA 生成蛋白质，当细胞质中的 PER 蛋白质水平固定后，就进入细胞核，并连接到启动子区域，抑制 mRNA 的生成，从而减少 PER 蛋白质的生成，当所有的 PER 生成停止后，PER 蛋白质开始释放出 per 基因，per 的 mRNA 再次被转录，使新的循环又一次开始。后来发现，过程实际上更为复杂，还有 tim 基因参与。进一步还发现了 clk. cyc 和 cry。以后在小鼠中更发现了 Bmal。在人类体内还发现了生物钟基因 Dec[39]。研究结果显示，这些生物钟都是由相互作用的转录/翻译反馈回路通过各种钟基因 mRNA 和产物蛋白质的表达实现调控的。钟基因启动后，经转录、翻译生成相应的蛋白质后，当蛋白质达到一定浓度，反馈作用于自身基因的启动部位，抑制该基因的表达，使其浓度高低以 24h 周期振荡。尽管形成真菌、细菌、植物和动物的生物钟基因各不相同，但基本机制却都是一样的，都是与一个或几个基因有关的自动调节的负反馈循环，使生物钟形成可以持续的节律。mRNA 和蛋白质是分子振荡中的状态变量。蛋白质直接或间接地起着转录因素的作用，下调或抑制它自身基因的表达[40]。这些负反馈形成的振荡节律与生命的昼夜节律相互作用、相互"耦合"，以复杂的方式连接在一起。

细胞生存在复杂的环境中，能够监测到外部环境的信息、其他细胞的信息，以及内部状态的信息。细胞通过产生适当的蛋白质对内部和外部环境的信息作出响应。细胞利用特别的蛋白质（转录因子）作为符号。转录因子通常以一个被特定的环境信号（即输入）所调幅的速率指派在活性和非活性分子状态之间，并实现迅速转移。每个活性转录因子能够通过结合 DNA 来调控特定目标基因的表达。然后，这些基因被转录成 mRNA，而 mRNA 进一步翻译成作用于环境的蛋白质[44]（如图 2-1 所示）。

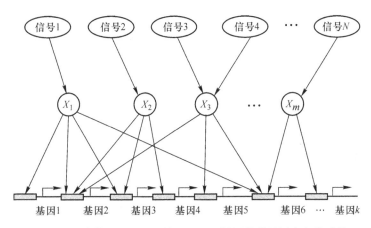

图 2-1　环境信号、细胞内转录因子和被调控的基因之间的映像

　　环境信号激活特定的转录因子蛋白。当处于活性状态时，转录因子结合DNA 来改变特定靶基因的转录速率（mRNA 以这种速率产生），然后 mRNA被翻译成蛋白质。因此，转录因子调控由基因编码蛋白质所产生的速率。这些蛋白质影响环境状态（内部的或外部的）。某些蛋白质本身也是转录因子，它们能够压制或激活其他基因。转录因子蛋白本身被其他转录因子调控的基因所编码，而那些转录因子又可以依次被其他转录因子所调控等，这一整套相互作用形成转录网络。转录网络描述细胞内调控转录的所有相互作用。而最初输入网络的携带环境信息的信号至今被认为只是一种小分子，或是一种蛋白质修饰，或是一种分子伴侣（注意：这种看法并没有把间接生物编码信息作为一种可能的环境信号考虑在内）。这些信号直接影响某种转录因子的活性。外部刺激信号常常激活信号传导通路并最终对特定的转录因子进行化学修饰。在有的系统中，信号能够像糖分子那样简单，进入细胞，并直接结合转录因子。信号通常引起转录因子蛋白质形状的物理变化，从而引起它呈现活性分子状态。转录网络作为一个动力学系统，在一个输入信号到达后，转录因子的活性改变，导致蛋白质的生成速率也改变。某些蛋白也是转录因子，它激活额外的基因等，其他蛋白可以不是转录因子，但执行活性细胞的各种功能，如构建结构、催化反应等。

　　有人从基因角度来研究生物体内的振荡，即把基因作为振子来作实验和理论的研究[44]。也把在振子的调控网络中的负反馈作为产生振动的必要条件。蛋白质丰度的周期变化是细胞过程的一种典型，如生理节律和细胞周期等。这种周期的分子基础是什么？研究表明，基于几个分子成分间相互的简单构建就能产生周期动力学行为，涉及基因的抑制和启动、mRNA 的转录和翻译，以及蛋白质的产生和终止。这些构建子块是理解复杂细胞振子的关键。可以把基因振子分为三类，即光滑型基因振子，松弛型基因振子和随机型基因振子，它们具有不同的动力学特征。在此基础上，多细胞基因振子的行为就包括有同步、聚类和生物节律的控制等。

激光拉曼光谱证实，蛋白质内部的肽链存在着振动。所谓激光拉曼光谱是指当一束激光的光子与作为散射中心的分子发生作用时，大部分光子仅是改变了方向，而频率未变，这是瑞利散射；而有很微量的光子不仅改变了方向，也改变了频率，这就是拉曼散射。这些光子的能量小于入射光子的能量，波长则大于入射光[41]。入射光是单波长的，频率为 v_0，散射光的频率为 v_s，则 $v = v_s - v_0$，v 被称为拉曼位移。其大小是由产生拉曼效应的物质分子结构所决定。以散射光强度为纵坐标，拉曼位移为横坐标，得出的谱线就是拉曼光谱。

激光拉曼光谱能够显示蛋白质分子中肽键的特征性振动谱带、主键骨架的振动谱带，以及侧链的振动谱带。蛋白质分子的激光拉曼光谱的谱带非常多。其中，许多谱带互相重叠，有些在尖端分叉，还有些只表现成其他谱带的"肩"。谱带很多，包含的结构信息也很多，但是对谱带的解释很困难。在这些谱带中，能够解释得比较清楚的，要算是肽链的特征性振动谱带[42]。此外，像紫外差光谱法和荧光光谱法也可能给出某些氨基酸侧链基团和肽键的信息。生物的组织、器官层次周期运动的微观基础就是这些分子层次的周期运动。当然，它们之间的联系非常复杂，即使在细胞层次，细胞本身在同一时刻就进行着多种多样的不同周期的生理活动，这些活动涉及不同的基因与蛋白质、糖类、脂类和无机物的交互作用，组成周期的振荡是复杂的。到了多细胞层次又加入了细胞和细胞间的交互作用。到了组织和器官层次，交互作用就更为多样、更加复杂。

生物体作为一个非平衡、非线性的耗散结构，体内发生的化学过程与纯化学过程不同。生物体内的生物化学反应具有大量的非线性振荡[45]，振荡的主要原因是变构效应和自催化机制。此外，生物膜（细胞膜和高尔基体、线粒体内外膜、溶酶体膜、核的内外膜等）对诱发非线性反应也起着重要作用。一个葡萄糖分子生成两个分子的 ATP 的解糖反应就有周期性振荡。这只是体内极其众多的酶反应引起振荡的一个例子。神经信息学的研究发现，人类的神经系统也存在各种时空尺度的振荡现象[43]。从频率的角度考虑，跨度可达 5 个数量级之多。从声频到光频都可能引起响应。这些频率都带有信息，并参与各种功能活动，如神经编码、学习记忆、认知和睡眠等。20 世纪末的电生理研究发现，在猫、猴等动物的视觉皮质区，有 40Hz 的同步振荡现象，以后发现在不同皮层之间，甚至海马丘脑上也有。有人认为这种同步振荡是整体性识别、意识和注意的神经机制。有人认为它是产生意识的信号。1991年汪云九等人还提出了神经信息波的概念[43]。

对人脑电图的研究表明，脑的活动经常处于混沌态中。大脑每时每刻都在处理各种信息。每种信息都可能引起神经网络的结构变化，当神经网络不断地从一种有序结构向另一种有序结构转换时，脑电信号就呈现出混沌状态[118]。

以上的例子都表明，在生物体内存在核酸和蛋白质尺度的振荡。这种振荡不同于单个原子的周期振荡，也不同于单个分子的周期振荡，而是以核酸和蛋白质为核心的，还可能携带有糖类、脂类分子的线性大分子的振荡。这些线性大分子的基本组成是核苷酸和氨基酸，它们或是由 A、T、G、C 脱氧核苷酸连成的线性大分子；或是由 A、U、G、C 核苷酸连成的线性大分子；或是由 20 种不同的氨基酸分子连成的线性大分子；或是由两支 A、T、G、C 长链组成的双链；还可能是由核酸链与蛋白质链组合而成的复合链。组成这些链的核苷酸和氨基酸还可能与糖、脂和其他核苷酸和蛋白质组成复合物。蛋白质还可能经过化学修饰，也就是化学基团的引入或除去，从而使蛋白质共价结构发生改变。这些链里由于 4 种核苷酸或 20 种氨基酸的数量和排列顺序不同而具有特异性。这些链状大分子的长度也各不相同，像介于生物与非生物之间的微小类病毒 RNA 只有 359 个核苷酸，而人的 46 条染色体 DNA 的总长度约为 2m，共有 5.8×10^9 个核苷酸对，其每条染色体非常长。蛋白质分子量以道尔顿（Dalton）计，1 道尔顿为 1 个氢原子的质量，一般蛋白质的质量范围为 6000~10000000，可见组成蛋白质链的氨基酸数目的众多，而作为短肽链的脑啡肽则只有 5 个肽。

这些核酸和蛋白质链在细胞内以各种形态卷缩和纠缠在一起，两条核酸链可以形成双链螺旋，双螺旋 DNA 还可以形成超螺旋。DNA 和组蛋白可以纠结在一起形成核小体，并进一步形成染色体，而 DNA 和蛋白质还可能经过修饰；蛋白质则可能形成二级、三级，甚至四级结构等。总之核酸和蛋白质长链都进一步组成形态各异的大分子在生物体内活动，因而它们的振荡是极其复杂的。就一个长链大分子来说，其不同的段落的振荡也是不同的，而这些大分子组成的复合体，由于形态的特殊性和互相影响，也会引起不同的振荡。尽管这些振荡是周期的，不过由于十分复杂，所以难以用波来描述。为了简化，本书用 n 来表示核酸（nucleic acid），用 p 来表示蛋白质（protein），用 n 振荡表示核酸链的振荡；用 p 振荡表示蛋白质链的振荡；而用 n–p 振荡表示 n–p 链的复合振荡。与以往学说不同的是，除了承认现有的核酸和蛋白质的功能，如核酸（DNA 和 RNA）可以引导和调控蛋白质的生成以及各种蛋白质的诸多作用外，还有一种生物信息功能，即 n 振荡、p 振荡和 n–p 振荡作为生物信息，不但可以通过生物大分子的直接接触而发生作用，而且还能通过各种场（主要是电磁场和重力场，如光波和声波）以及细胞质、各种生物膜、细胞外基质等作为介质来传递。也就是说，生物编码信息可以通过超距发挥作用，而不是像化学作用那样，必须是原子和原子之间通过直接碰撞才能发生化学反应。传递生物信息的介质自然也传递介质本身的信息，但它们不属于生物编码信息，而是由现代物理学可以说明的比较简单的信息。

线性的生物大分子通过其特有的振荡来传递它本身的信息，这个传递需要能量，它所依赖的能量是生物的 ATP 和其他生物能。因此当生物死了，作为耗散结构，它不再有能力吸收外来能量，因而其振荡也相应停止，此时其生物编码信息的作用也相应消失。

生物线性大分子的振荡由于线性分子的长度、核苷酸和氨基酸的构成及排列顺序不同，相邻的其他分子的纠缠和干扰不同以及可能是几个大分子的复合振荡，使其振荡具有高度特异性。尽管高度特异，但不同的线性分子的特异程度还是有区别的，有的特异性更高，能与之发生响应的生物大分子更少，也就是说选择性更强。特异性较差的振荡可能引起更多种大分子发生响应。生物编码信息发出后，遇到其他生物大分子时，一般不会发生响应。只有其特异性与碰到的信息有一定的编码响应关系时才会发生响应。

除了三联体密码以外，我们并不知道其他的密码关系。尽管这种响应关系在生物体内比比皆是，例如，像酶和底物就有这种响应关系。不过由于至今为止人们还没有从密码关系来理解这种关系，而只是尽力从化学角度试图理解这个问题，因而没有人企图来破译这些密码。但是除三联体密码外，其他的某些生物过程还有密码关系的猜想已有一些人提出过。例如，按"中心法则"在核糖体上合成出来的新生肽链如何由一维折叠成三维结构的问题，尽管有 Anfinsen 提出蛋白质的序列已经包含了它的三维结构的全部信息，但事情并没有那样简单，这里是否还有第二套遗传密码的问题[76]。王文清提出，与蛋白质一样，糖类也可能有自己的遗传密码[77]等。

生物信息振荡的频率拿可感的来说，有一定的范围。拿人来说，只是通过感觉器官，人可以接受 380~780nm 波长的可见光，16~20000Hz 的声波。其他动物由于进化得到的感觉器官不同于人，因而接受的光波和声波频率范围与人不同。生物信息可以光波和声波作媒介来传递信息。这些信息都不是信源和信宿直接接触，而是属于间接信息。但是不要小瞧了这些间接信息，它们是人接受的主要信息，在信息这个角度它们比直接信息更重要。

尽管科学尚未涉及光波和声波携带的生物信息，但能够携带生物信息的电磁波看来是在低频范围。20 世纪 60 年代 Frohlich[130] 提出，生物靠输入的代谢能远离热平衡，生命体系所表现的各种"序"或自组织态实质上是自由度的降低，进入了低维的位相空间，构成了一种整体的集合模式，位相条件相对稳定，为协同性和相干性的行为提供了必要的时空结构。像生物分子具有各类电偶极单位存在，由于整体长程库仑力的相互作用，这些偶极子都有个相同的固有振动频率（用晶格振动的声子理论来计算，此频率为 10^{10} ~ 10^{12} Hz），形成了集合式的极化波，并因此产生了长程的相干的相互吸引。他还设想，当具有固有频率的粒子增加到一定程度时，会出现类似于超流体和超导体中的玻色-爱因斯坦凝聚。物理学中玻色子是自旋量子数为整数的粒子，当在温度低于一很低的特征温度后，全同玻色子就会发生在动量空间最低能态上聚集，成为一个新物态，被称为玻色-爱因斯坦凝聚。

又如生物光子学的研究发现[129]，生物光子辐射是生物的普遍现象，是一种不同于生物发光的超微弱的电磁辐射。像 DNA 就是生物光子的一个辐射源，不同 DNA 的空间结构对应于不同强度的生物光子辐射。生物光子具有高度的相干性。有的信息跨细胞传递的速度约在声速数量级，比信使分子的化学扩散速度要快得多[130]，这种情况下只有电磁辐射（包括光子）才能承担这样的信息传递和生长调控的功能。信息存在于时域和频域的局部和短暂的有序之中。现在还开始注意到声子与光子场的相互作用，发现生物所发射的光子比非生命的普通光有显著的相干性。非光频电磁辐射，也有被声子调制的可能。在电磁生物效应的实践中，也常常发现低频调制电磁波，比没经调制的有更明显的效应。罗辽复对此作过理论分析[121]。他认为普立高津只考虑了化学反应引起的扩散运动造成的化学熵流是不够的，没有考虑到声波的传播以及和物质耦合的电磁场的传播引起的熵流。经过计算，得出 $\nu \geqslant 10^{14}\,\mathrm{Hz}$ 的声子、光子对信息流的贡献可以忽略，而 $\nu \leqslant 10^{14}\,\mathrm{Hz}$ 的低频光声信息流在生物的自组织中则是不可忽略的因素。因此对细胞内部的自组织，低频电磁波和大分子的超声波振荡所传递的信息流可能起重要作用。有的理论认为，低频电磁辐射与激发态线性分子之间存在着相互作用，并产生以孤立波（孤子 Soliton）形式的非线性分子振动，因为孤立波以最低能态存在，所以比线性振动的寿命要长得多。细胞膜上有很多负电荷的结合位点，形成不稳定的相干域，许多弱电或化学信号，如抗体、激素、神经递质在进入细胞前必须与这些位点相互作用，从而引起相干域的能量释放。放大的膜表面信号沿着蛋白质分子链传送，进入细胞内部，有证据提示它们可能是与原子堆有关的振动波。原子堆上一个接一个地振动引起了向内的信号传递，就像排列紧密的小球一个接一个的撞击一样，这就是孤立波[130]。这些并不系统的零散研究都表明，低频电磁波和声波在传播间接信息方面可能起重要作用，同时由于信息流的载体可以是电磁波和声波，因此原则上可以辐射离体。

由于现今对生命的研究主要从个体本身着手，不考虑个体与个体之间的关系，结果把信息的作用忽略了，使很多问题得不到说明。除了动物的神经系统能够感受到的以外，生物编码信息还有许多中枢神经系统感觉不到的交互作用，像体内众多的酶反应就是，酶可以通过降低反应的活化能大大提高化学反应的速率。与非生物的催化剂一样，可以通过 Michaelis–Menten 方程来测量反应的速率[54]。

生物编码信息的交互作用表现为吸引与排斥，是或长或短的线性生物大分子之间的直接或间接的交互作用。它可以通过直接接触传递，也可以通过电磁波传递；可以通过声波传递，还可以通过像细胞质这样的其他介质传递。没有神经系统的生物中仍有大量酶在作用，个体与个体之间生物信息的交互作用也不一定被感觉器官感知。到达脑子的信息都要转为电脉冲作用于中枢神经系统。不通过脑子的信息交互作用在诸多化学作用之间起了衔接、偶联和催化作用，它们应该与化学作用一样，本质上属于电磁作用，只不过它们是发生在大分子集体之间的交互作用。

吸引和排斥作用有大有小，依情况不同而不同。表现在宏观尺度上主要取决于物种与物种之间在食物链上的位置。被捕食动物和某些植物对捕食动物有吸引作用，而对被捕食动物和这些植物来说，它们对捕食动物则有排斥作用。尽管食物链十分复杂，譬如有很多动物是杂食的，但总的来说，由于它们之间存在着大小不同的吸引和排斥作用，才决定了不同动物食谱的特异性。像虎狼等只吃肉，不吃别的东西；有的动物则只吃植物。对于草来说，它排斥草食动物，只是这种作用不像动物那样明显，它们只能在有限范围内，例如分泌一些草食动物不喜欢的化合物，并通知临近植物草食动物的到来这样的手段来作抵制。对于要靠动物吃掉它来帮助它散播种子的植物来说，它对动物有排斥的一面，也有吸引的一面。当然，这种带有特异性的吸引与排斥是在进化过程中逐步形成的。这种吸引与排斥在生物是活的情况下是恒常存在的，只有在它捕到并吃掉食物时得到暂时的抑制。正是这种吸引与排斥导致了动物活动的主动性，并使它们获得了维持生存所需要的能量。注意，这就解释了生物主动性的由来，同时说明了生物的主动性和目的性的统一，以及为生存而生存的特性。

这并不意味着生物个体的每一个细胞与另一个个体的每个细胞都互相吸引。它们之间只有一部分细胞或细胞中的一部分彼此发生响应，有的响应还可能是排斥。产生宏观的吸引效应只是诸多细胞里的链状大分子的诸多响应的总结果。显然，生物的感觉神经系统以及脑部是发生这些响应的重要位置，但并非所有的作用都是感觉器官能够感觉到的。就像地心引力在我们周围无处不在，并且起作用，但我们感觉不到，只是物理学理论才使我们知道有引力存在。

在物种内部，这种吸引和排斥作用表现在物种的亲疏关系上。父母和子女就有明显的吸引作用，但在子女长大后由于生理的变化吸引作用减弱。种群内部吸引作用也占主导，但个体之间有时排斥占主导。种群之间往往由于争夺地盘和食物表现为排斥占主导。

具有性生殖的生物当在青春期时，异性之间彼此有强烈的吸引作用。从文学描述可以体现出人的这种作用。人到了青春期会"莫名其妙"地为异性所吸引。男女之间为什么相爱也是"糊里糊涂"的，其他动物也是一样。老虎平时是独居的，但在发情时却千方百计去寻觅异性，即使是在开头没有任何"信息素"可循，它也会找，直到有迹可循，然后会循迹前进。所以即使在找的阶段，它的活动也是有目的的。现在的研究按照还原论的思路，从个体本身出发，对人则是研究人的性器官的发育成熟和性激素的作用。但这只是问题的一个方面，另一方面还有它与对方相互作用的问题。还原论的思路只研究个体，却忽略了个体之间的相互吸引，自然说明不了行动的目的性或者不谈目的性，当然也就发现不了生物编码信息振荡引起的具有特异性的吸引问题，因此这样的研究很难对问题给出全面的解释。

生物信息编码在个体内部同样起着十分重要的作用。它们可以直接作用，也可以通过体内的各种介质起作用。拿多细胞生物来说，细胞和细胞之间的结合就不仅靠细胞膜的结合，还要靠细胞与细胞间生物编码信息之间的相互吸引，而对异种的细胞它们不但不结合，反而互相排斥。这些作用有些可以为中枢神经所感觉和调控，许多则不为神经系统感知而自行在体内的细胞、组织、器官各个层次发挥作用，包括酶系统、蛋白质与 DNA 和 RNA 的相互作用、免疫系统、各种受体和配体系统等。它们对体内的各种生物化学反应起连接、耦合、催化和调控作用，从而在体内形成相互衔接和相互影响的各种反应循环和网络。这些作用在第 4 章的诸节里还要作进一步地讨论。

一个细胞内可能发生诸多反应，许多反应还是同时进行的。多细胞中的反应更为多样，其中的吸引和排斥作用自然极为复杂。要作定量研究就首先要用分析方法。从各个层次各个分隔来分析吸引和排斥作用的特点和大小。但在能够作这样地分析之前，我们仍然可以估量到，在吸引和排斥作用中，从整体上看，吸引无疑起到了主导作用。

2.6 生物编码信息提供了生物为什么是活的答案

在 1.3 节中提到，生物"活"的本质特征是活动的主动性和目的性。生物主动寻找食物或营养，吸收负熵以维持自身的生存。具有性生殖的生物主动寻找异性，目的在于繁殖下一代。食物、营养和异性是生物主动寻找的目的。也就是说，生物"活"着的活动就是为了维持"活着"和延续下一代。为什么是这样，目前的科学还难以说明，而生物编码信息则提供了一个回答。

生物编码信息表明，生物大分子链彼此之间有特异性的吸引和排斥作用，它是随着生物大分子成链和链的延伸而逐渐进化发展起来的。早期出现的以 CO_2 为基本碳源的光能自养微生物，以有机碳化合物为碳源的光能异养微生物和以无机物氧化为能源的化学自养微生物，它们的能源（食物或营养）都不是生物大分子，同时它们之间的生物编码交互作用由于本身很小，作用也很小。生物大分子及相应编码信息的出现及其互相吸引促进了大分子生物链的增多和加长，它一方面促进了新链的生成，另一方面推动了大分子链的合并和加长。随之出现了植物和动物，以细菌和植物为物质源和能源的化学异养生物的出现开始形成了早期的生物食物链。这个具有特异性的食物链随着生物的进化而不断加长、分叉和复杂化。一方面是组成生物个体细胞中生物大分子链的加长；另一方面是组成食物链的物种随着进化数目在不断增加。影响进化和食物链形成的因素很多，但在这个过程的背后，生物编码信息之间的带有特异性的互相吸引和排斥起着重要作用。

食物链的生成大大活化了微生物、生物彼此之间，动物与植物之间，不同动物之间的生物链。某一动物一方面是捕食者，另一方面又是被捕食者。从微生物开始，所有的生物都在食物链上占据一定的位置，组成一个连续并分叉的链。这个链是靠生物之间的互相吸引和排斥形成的，吸引在这里起了主导作用。当然，这是一个大大简化了的图像，实际情况要复杂得多，但这个庞大复杂多分叉的食物链仍然是靠彼此间带有特异性的吸引与排斥形成的。作为食物链一端的植物，靠无机物和日光营生，它对捕食者有吸引作用，因此排斥捕食者，只是这种排斥作用相当微弱而已。靠某些无机物营生的微生物的作用与植物类似。微生物和植物在形成本身时，生物编码信息起了重要作用，虽然这种作用没有在动物中的作用大。有些生物是靠死的生物为食的，即食腐动物，它们寻觅死的生物，仍然靠的是生物信息，不过是间接的生物编码信息。

在1.3节中我们提到，生命与非生命的根本区别在于生命活动的主动性与目的性。生物编码信息的交互作用提供了这个特征的答案：生物活动的主动性在于生物彼此之间的吸引与排斥，它看似主动和自发，实际上它是被带有特异性的食物和异性所吸引，反过来它对捕食它的动物也有吸引力，但它又排斥捕食它的动物。生物作为具有特异性的食物，它吸引捕食它的动物，捕食动物寻觅它，目的是为了吃掉它，以维持自己的生存并保持自己延续下一代的能力；同时它还要排斥自己被别的动物捕食。因此生物之间的吸引和排斥，主要是吸引，构成了食物链，成为生物主动的有目的活动的动因。换句话说，生物被别的生物所吸引，自己也吸引别的生物。它既具有"主动"的一面，又有"被动"的一面。这就解释了生物为什么是活的原因。换句话说，只有从生态总体的角度才能理解生命，即生物圈中的所有生物通过彼此间的吸引与排斥形成了一个庞大的有机整体。这个有机整体吸收环境和彼此间的能量和物质，维持了生物圈内所有生物的生存和新陈代谢，维持了生物的进化，从而说明了生物为什么是活的这个总也说不清楚的问题。因此，把个体从整个生物圈中拿出来，是没法找到生命"活"的根本原因的。也就是说，起码要从系统的角度来研究生命，才有可能找到答案。套用笛卡尔"我思故我在"的说法，这里应该是"我们在故我在"。"我们"在这里指的是生物整体。

发现食物和捕食者是最重要的活动，因此一般视觉和听觉器官离脑最近，处于身体的前方——头部。其他例如肢体等处，它们只是将感觉通过神经纤维传至大脑，令大脑感觉，而不是让感觉发生在引起感觉发生的部位，原因是只有这样，从各处来的感觉才能汇集在一起，经过脑中储存的信息处理、综合，再作出反馈。因此，脑成为了信息的"档案室"和"司令部"，成为产生精神活动的地方。

这种食物链随着生物的进化，从初期比较简单的近乎线性的关系，链逐步增大，同时链中各个节点与其他节点的交互作用逐步增加（像这一段时期最简单最基础的生物冠状病毒能与最高级的生物人类发生强烈的交互作用）。关系逐步发展成为网状结构，也就是地球上的生态结构。

需要强调的是，这种说法并不排斥现在所发现的各种生物化学和生物物理学反应，譬如胃酸、性激素等物质的作用，只是补上生物编码信息的作用。而生物编码信息，特别是间接生物编码信息的交互作用所导致的生物间的吸引与排斥在生物为什么是活的问题上起到了关键作用。这个答案也从生命科学的角度给研究人生活意义的社会科学提供一个立论的基础，即只有从群体、从社会的角度才能找到人生活的意义。

3 一般信息论和生物编码信息

3.1 一般信息论

生物编码信息的发现必然给现有信息论带来重大的补充和发展。应该说，生物编码信息是所有信息的基础。因为对于所有生物来说，生物编码信息是与生俱来并随着进化而进化的。由于生物编码信息的相互吸引与排斥作用，才构成食物链，才能使生物得以生存和延续。生物周围的环境是生物生存的基础，但赋予生物"活性"的却是生物间信息的相互作用。

现有信息论是以人为中心的，而人为什么能发现信息、创造信息、利用信息，归根结底是由于人是具有生物编码信息的生物。人不仅可以是信源的重要组成部分，更重要的是它是一切信息的最终信宿。没有人，就谈不到信息。这并不等于说，没有人就没有了世界，就没有了物与物之间的信息传递，而是说，没有人，就没有了人这样的信宿。

不过生物编码信息并非人类所专有，而是所有生物都具有，只是人的生物编码信息高度发达而已。因此，生物编码信息也不是以人为中心的信息论所能全面概括的。生物编码信息的发现不但给生命科学以重大的突破，而且对信息科学也带来了重大突破。本章就是讨论这个问题的。

既然是讨论生物编码信息对信息科学的影响，本节首先对现在的信息论作一个简短的概括。

在现代科学技术出现以前，信息一般把它理解为消息，没有专门的科学上的定义。一直到 20 世纪中叶，信息才进入了科学技术的视野。其标志是 1949 年美国科学家香农等人的著作《通信的数学理论》一书的出版。随着电子计算机的出现和发展，信息理论和技术迅速成为科学技术的重要组成部分和先驱领域，并带动了整个科学技术领域的信息化，以至于有人提出 20 世纪为信息时代或比特时代。与香农同时的另一位信息论创始人，也是控制论的创始人维纳在他的《控制论》[46]一书中提出"信息就是信息，不是物质，也不是能量"，明确地把信息与物质和能量区分开来，成为构成科学世界图景的 3 个基本要素之一。

香农的理论实际上讲的是信息的通信理论。他的通信理论模型如图 3-1 所示。

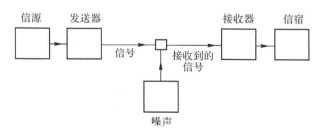

图 3-1   香农的通信理论模型

图 3-1 中信源指产生信息的人或机器，发送器则对信息执行某种操作。例如，电话机将信息转换成模拟电流，电报将字符编码等，以得到适当的信号。信道则是传播信号所使用的媒介。接收器执行发送器的逆操作，以从信号中提取出信源所发出的信息，而信宿则是位于接收端的机器或人。

不言而喻，不论信源和信宿，处于两端的最终发信者和收信者都是人，而执行此通信的目的在于人和人之间的信息交流，而交流的内涵则是信息中所蕴含的意义。香农（Shannon）的通信理论不涉及信息的意义问题，避开意义问题对香农提出通信理论是不可避免的。正像格雷克在他的《信息简史》[47] 一书中说的："当然，香农无法完全对意义视而不见，所以他在给意义赋予一个科学家的定义后，客气地把它请出了门。"香农是怎样说的呢，他说："这些信息往往都带有意义。也就是说，根据某种体系，它们指向或关联了特定的物理或概念实体。但通信的这些语义因素，与其工程学问题无关。"也就是说，香农的通信理论仅限于信息的传递，而不涉及信息的内涵。尽管香农的信息理论避开了信息质的方面，但却给出了信息的量。通信理论认为，之所以需要通信，是因为通信者事先存在某种随机不定性，通信的目的就在于通过交换信息来消除这种不确定性。因此，信息就是通信前后不确定性之差，而信息的数量可用它所消除的随机不定性的大小来度量。

在数学上，对随机事件发生可能性的大小以概率来度量。如果以 I 表示发出的消息所包含的信息量，p 为消息发生的概率。必然事件 $p=1$，没有消除不确定性问题，所以 $I=0$。概率大的事件信息量小，概率小的事件信息量大。用函数形式将消息 A 所包含的信息量表示为概率面倒数的对数，即 $I(A) = \log_2 1/p$ 或 $I(A) = -\log_2 p$，用对数形式表示信息量可以满足独立信息可加性的要求（如 C 代表两个独立信息 A 和 B 的合成信息，即 $C = AB$，则 $I(AB) = I(A) + I(B)$）。取对数的底为 2 可以适应计算机的二进制。当底数为 2 时，信息量的单位为比特（bit），即 binary digit 的缩写。例如投掷硬币，每一面朝上或朝下的概率 $p(A) = 1/2$，故 $I(A) = \log_2 2 = 1\text{bit}$，即二选一的可能事件所包含的信息量为 1bit。一个字母表如果由 32 个字符组成，随机挑选一个字符，由于可能的信息数目为 32，32 以 2 为底的数值是 5，因此它的信息量为 5bit。

现在看不确定性的量度。假设有随机事件的集合 X_1，X_2，X_3，$\cdots$，X_n，它们的出现概率分别为 p_1，p_2，p_3，$\cdots$，p_n。

满足下述条件：

$$0 \leqslant p_i \leqslant 1,\ i = 1,\ 2,\ \cdots,\ n,\ \sum p_i = 1$$

用 $Hs(p_1,\ p_2,\ \cdots,\ p_n)$ 表示这个不确定性的测度。香农证明：

$$Hs(p_1,\ p_2,\ \cdots,\ p_n) = -K \sum p_i \log p_i$$

式中，K 为正常数。

信息是用以消除不确定性的，如果以 $I(p_1,\ p_2,\ \cdots,\ p_n)$ 来表示为消除不确定 $Hs(p_1,\ p_2,\ \cdots,\ p_n)$ 所需要的信息，则：

$$I(p_i,\ p_2,\ \cdots,\ p_n) = Hs(p_1,\ p_2,\ \cdots,\ p_n)$$

即二者在数值上是相等的。所以从数量上说，Hs 既可以看作是一个随机实验所具有的不确定性的量，也可以看作是为消除这个不确定性所需要的信息量。

进一步研究发现，Hs 与统计物理学玻尔兹曼熵的式子具有相同的形式。所以，信息学中的 Hs 又称信息熵。二者不仅形式相同，Hs 的含义与统计物理中熵的含义也是一致的，它们都是不确定的度量，是系统无序程度的度量。获得的信息量越多，熵的减小量就越多。获得全部信息可使熵减到零，表明信息就是负熵。

自从香农提出通信理论后，信息这个概念在其他各个领域得到越来越多的应用。但信息的含义却与香农的不尽相同甚至完全不同。既然香农的通信理论只是信息传送的理论，对信息到底是什么是学术界的争论问题。据 1972 年发表的一篇论文统计，在 1959~1971 年之间，关于信息科学的理论，涉及信息的定义就有 39 种。其中有 8 个人试图给信息下定义，而这 8 个定义之间

"也没有共同的成分"[48]。这个争论延续至今，仍然莫衷一是。不难理解，作为组成万事万物的3个基本要素之一，从不同的角度对它有不同的理解，因而有不同的议论，也是很自然的。

本书不想介入有关信息定义的争论，只是想把生物编码信息引入到信息科学里，并就有关问题进行讨论。为了便于讨论，这里先介绍一种作者认为关于信息的比较全面的论述，即钟义信的有关论述。钟义信认为，有关信息的定义有两类，即狭义信息和广义信息[49]。狭义信息就是香农通信理论所定义的信息，是有确切数量值的信息，也是科技界普遍承认的信息定义。广义信息的含义则广泛得多，包括日常经验所理解的信息，例如政治信息、经济信息、科技信息等各方面的消息，还包括新闻、情报、资料、数据、报表、图纸、曲线以及密码、暗号、手势、旗语、眼色等。笼统地说，信息就是所谈论的事情、新闻和知识。人文社会科学一般都是在这个意义上使用信息概念的。例如，哲学领域谈的信息就指的是广义信息。

可以看出，迄今为止，真正纳入科学技术范畴的还只是由通信理论定义的狭义信息。尽管信息科学的成就不小，但它涉及的信息范围很窄，只限于人类的科技领域，即使在这个领域里它还不涉及人的直接参与，只涉及信息在非生命的通信工具之间的传递与加工。它不涉及信息的内涵以及语义和语用等问题。不是说没有对信息内涵的研究，但它不属于科学的范围。像现代语言学就包括语义和语用的研究。20世纪中叶分析哲学的"语言学转向"说明当时的语言学成为哲学研究的重点。近来在自然科学领域情况有所转变。随着人工智能和认知科学的发展，推动了对语义和语用的研究，但这还只是处于初级阶段。

钟义信提出，信息就是事物运动的状态和方式。事物是指自然界、人类社会以及精神领域一切可能的对象；"运动"指事物内部结构和外部联系的一切意义上的变化；"运动状态"是指事物在一段时间内相对稳定的空间结构和行为；"运动方式"指事物运动状态随时间而变化的式样和规律。广义信息的概念揭示了认识世界的过程在一定意义上讲就是从外部世界获得信息和处理分析信息的过程，而改造世界则是人的主体信息作用于外部世界的过程。广义信息不仅涉及随机不定性，也涉及非随机不定性。广义信息不仅涉及信息的形式方面，也涉及它的内容与价值。只要事物在运动，它的运动状态和运动方式就是信息。至于这个信息能否被收信者得到，是否能被受信者利用，那是另外的问题[49]。

钟义信在他所著《信息科学原理》一书中提出，把香农的"通信论"称为"信息论"是不妥当的。因为信息包括信息的获取（感测）、传递（通信）、处理（认知）、再生（决策）、执行（控制）。因而在通信以外的其他领域，特别是认知和决策这些智能领域，香农理论不能普遍成立[50]。钟义信提出"全信息"的概念。他把全信息定义为语法信息、语义信息和语用信息的综合，也就是认识论信息。信息获取的第一环节是把外界事物呈现出来的本体论信息转换为认识主体（人类或作为他们替身的机器系统）所表述的认识论信息。它们只能对表征外界事物呈现的运动状态及其变化方式（即本体论信息）的物理化学参量产生敏感效应，并作出相应的响应。显然，这些参量数值的大小及其变化方式都是一些形式上的表现，在性质上属于"语法信息"的范畴。换句话说，人类的感觉器官和机器的感传系统只能感受到本体论信息形式因素而不是其内涵（内容和价值）。本体论信息在头脑中经过有效的转换，产生出关于这些事物的内容（语义信息）以及这些形态和相对于自己目标而言的价值（语用信息）。本体论信息的内容，不是可以"感"出来的，而是只可以"悟"出来的，而"目的"则是人类选择需要予以关注的本体论信息的准则，也就是对认识论主体的目的（目标）而言有重要价值的本体论信息就关注，否则就不关注。只获取语法信息不能解决"注意与选择"的问题，还必须获取"语用信息"，但"注意与选择"的能力不仅与语用信息有关，而且还与语义信息有关。

由语法信息生成语用信息的方法有二。一是检索的方法，即事先在知识库内存储有系统目标的信息以及先验的"语法信息与语用信息的关联对"集合。输入的语法信息在访问此知识库时通过与知识库中相应的语法信息匹配的方法找出此语法信息对应的语用信息。而当找不到对应的匹配时就表明与这个输入的语法信息相应的外部刺激是一种新的刺激，即可通过计算输入语法信息的矢量与系统目标的相关性。规范化的语用信息的数值应在 $(-1, 1)$ 之间，$-1 < Z < 0$ 表示负相关，$0 < Z < 1$ 表示正相关，$Z = 0$ 表示不相关。一旦获得了与输入矢量相关的语用信息，就可将它储存入知识库内。

语义信息作为某种物理化学参量的状态及其变化方式的内容，是一种抽象概念。因为它既不可能用感觉器官或传感系统来具体感知，也不可能用亲身体验或计算的方式来获得认识。在通常的情况下，就应该通过抽象的逻辑演绎（抽象思维）的方法来获得语义信息。例如，一个黄苹果，它的语法信息为｛色泽嫩黄，形似扁球，大小如拳，重约 200g｝，语用信息为｛味道甘美，水分丰富，有益健康｝，则语义信息（内容）为｛色泽嫩黄，形似扁球，大小如拳，重约 200g｝且｛味道甘美，水分丰富，有益健康｝，同时具有语法信息和语用信息所描述的概念就是它的语义信息。钟义信指出，目前全部信息科学技术研究还只局限在语法信息的层次上。

3.2 生物编码信息与一般信息的关系

把生物编码信息纳入一般信息科学，不是简单地作为一个新的亚学科纳入一个大学科里，它的影响波及信息学科的许多方面。这里虽然不参与关于信息定义的讨论，但是有些方面也涉及什么是信息的问题。

以下关于生物编码信息与一般信息关系的讨论是本书的看法：

对信息的定义避免不了对它从本体论角度来描述的问题，因为信息不是一般的事物。按照维纳的说法它是组成世界的 3 个基本要素之一。它既不是物质，也不是能量，是与物质和能量并列的第三种要素。没有信息，就不能对世界作描述。长期以来信息没能进入科学的视野，是由于信息往往与物质和能量混淆在一起，把自在的客体（物质与能量）与它们给予人们的表象等同起来。我们描述一个电子，说它是一种基本粒子，带负电，电量为 1.602189×10^{-19}C，质量为 9.10953×10^{-28}g，其实说的都是我们掌握的有关电子的信息。不谈这些信息，我们就没法描述电子。

对于复杂事物，它的信息更是多方面的、多层次的。拿人来说，他的物质基本组成和能量只是最基本的层次，在其上面，还有细胞、组织、器官、个体、群体等层次，每个层次都有各具特色的信息。人不仅有生物层次的信息，还有生理层次、心理层次以及社会层次的诸多信息。特别是，信息能够被撷取的质和量还与传递介质、信宿的特性有关。同时，上述这些因素还是在不断发展变化着。从这个角度来看，讨论信息守恒不守恒是没有意义的，这是它与物质和能量不同的一个重要方面。还原主义科学方法的一个重要弱点，就在于它在还原过程中，往往不断地丢掉事物各个层次的信息，结果是使它不能全面理解事物。

信息的一个特性在于，它不能脱离物质和能量，没有物质和能量它就无所依托、无所描述、无所传达。同时，信息的传达也需要能量，尽管一般来说所需能量甚少；另一个特性是必须有信源与信宿二者。没有信源发送信息，没有信宿接收信息，信息也无从谈起。尽管作为信源和信宿的物质和能量在一定意义上可以自在存在；但是作为信息，却必须有信源与信宿二者，二者缺一不可。也就是说，除了主体之外，必须至少还有一个它者。而科学长期以来，只把信源或信宿的物质和能量单独拿出一个来作为客体，而不管另一个。其实，在这种情况下，科学是信宿。科学取得了作为信源的物质和能量的信息，但却把信息与物质或能量同一化了。结果是长期以来，科学拿到的是信息，但却认识不到自己拿的是信息。这与科学强调物质和能量是独立于人的认识的客观存在这一传统有关。其实，物质和能量的独立存在是事情的一个方面；另一方面，作为人的认识的科学只掌握了物质和能量的信息，而不是物质和能量本身。信息具有二元性，即不能只有信源或只有信宿，必须二者同时存在才能构成信息，任何事物既是信源，同时也是信宿。它既不停地通过直接接触传递物质和能量，也就是直接传递信息；并借助于像光波或声波这样的介质向外界发出自己的间接信息；还在不停地凭借自己的能力收到外界事物射向自己的信息。既然信息是构成世界的不可或缺的 3 个要素之一，这就意味着世上的所有的事物都是互相联系着的，任何物质和能量都不可能独立存在。把任何物质和能量独立起来都只能是相对的，认识不到这种相对性，必然会产生认识上的偏差。科学长期觉察不到信息的存在与这种认识上的偏差有直接关系。

显然，这种关于信息意义的讨论是哲学性质的，讨论的是信息、物质和能量三者之间的关系。它不同于上面钟义信所说的全信息，全信息涉及的是信息在科学上的定义。但是在这里对生物信息编码作科学的讨论时不对信息首先作哲学层次上的讨论是不行的，正像前面讨论生物为什么是活的问题那样，生物活的根本原因在于生物与生物之间信息的交互作用。不把生物信息从物质和能量中明确提出来，就不可能说明这个问题。

信息还有一个与物质和能量不同的特点，就是它既可以依附于它所属的物质和能量上，与物质与能量混在一起，也可以脱离它的物质和能量，依附到别的物质和能量上，"记忆"在别的物质和能量上。尽管物质和能量输出了信息，但是它发出信息的能力并未损失。在物质和能量未因外界的强力（如外物的打击或强力的辐射）而改变以前，它发送信息的能力不会改变。例如苹果落到头上，如果保持完整，苹果并未改变，但对于作为信宿的人来说，苹果的物质、能量和信息一起到达，属于直接信息，这个时候如果往往把它等同于苹果本身的物质和能量与头部的相互作用，就不会突出信息。如果周围没有人，苹果的信息得不到响应，就随着传递距离的加长而慢慢消耗掉。在旁边有人的时候，人的眼睛会对可见光携带的信息发生响应，这种通过介质间接地与信宿发生作用的情况是间接信息。生物除了接收直接信息外，其实主要和经常的还是大量接收间接信息，譬如动物，除了捕食、交配和群居时与其他生物直接接触外，还有与栖居环境的直接接触，此外它们平时大量接触的是间接信息。人对间接信息的接触是生活中的主要活动。为了扩大对信息的接收，生物相应地进化出各种各样的感觉器官。需要说明的是，除了生物信息编码藉特异性会产生"响应"外，非生物与非生物之间也会发生"响应"。例如，镜子可以无区别地反映出可见光投射在它上面的一切事物，这一特性在生物身上也有，是物理学可以说明的。感觉器官可以接收的不只是生物编码信息，也接收与非生物所接收的同样的非生物编码信息。例如，眼睛所能接收的就包括这两类信息，像引起车祸的图像能引起亲人和仇人反应的部分就属于其特异性使亲人和仇人发生"响应"的生物编码信息，而像周围的建筑和花草树木则不会引起特异性的"响应"，而只是一般"响应"。不过这两类"响应"的关系并不那么绝对，例如人对于花有时可以无动于衷，有时却可以"感时花溅泪"。但有些生物编码信息作用正像上面说的，是感觉器官感觉不到的。

　　信息反映出生物以及非生物的"为它"的一面，并且是不可或缺的一面。而其中的间接信息更突出地反映了信息独立于物质和能量的方面。事物信息的一个突出特点是它可以脱离它的"母体"跑到其他事物里，"记忆"在对它发生响应的其他事物里。"记忆"意味着事物的信息跑到信宿里与信宿发生反应，从而留下了信源事物的"痕迹"。间接信息能传递的信息与传递介质的负载能力有关，也与信宿的特性有关。介质只能传递它所能负载的信息，信宿也只能与它能力所及的特定信息发生"响应"。因此无论直接信息或是间接信息都只能携带事物的部分信息，而不是事物的全面信息。间接信息是如此，直接信息也只涉及发生交互作用的那一个或几个方面，而不会是所有方面。为了尽可能了解事物的全面情况，人们需要运用各种不同的传递介质，从不同的角度来取得各方面的信息，以求对事物有比较全面的了解。所以总的来说，我们了解的只是信源的部分信息，只能反映信源事物的部分情况，而不是事物的全面情况。信息通过在信宿处留下"痕迹"而保持记忆，记忆的是信源的局部信息，即使是局部信息也还由于信宿的特性而可能使信息发生疏漏和畸变。

能与其他生物和非生物信息发生特异性响应并有脑子的生物能长期储存信息，它把获得的信息储存在脑子里，形成长期记忆，使该生物自身发生改变。而人类还能把信息通过图形或编码的方式记录在非生物的材料上。记忆不见得是永久的，往往在保持或长或短的一段时间后就在信宿处消失。信宿消亡了，它所携带的信息也跟着消失。不过在人类的脑子里，信息还可以被重新组织、编辑和加工，变成与原始信息不同的模样。

自从世界上出现生物以后，就相应出现了生物编码信息，同时出现了生物编码信息的交互作用。自生物编码信息出现后，世界上的信息交互作用可以分为几种不同的情况：第一类是非生物与非生物之间的交互作用，不论是直接交互作用还是间接交互作用，这些交互作用都不具有生物的编码性质，是用现有的物理学和化学可以说明的。第二类是生物与生物之间的交互作用，一般情况是彼此之间没有响应关系，它们之间的关系与非生物彼此之间的信息交互作用一样，属于现有物理学和化学可以说明的。这种作用可能为生物的感觉器官响应，但不属于编码性质。除此之外，生物信息和生物信息之间可能出现编码之间的响应，即某些生物编码振荡之间引起的互相吸引或排斥作用。这种作用有强有弱，像前面讲的识别某个人或他的声音，就具有高度特异性，但到公园去赏花，人人都能欣赏花，这种特异性就很弱，尽管花对不同人的作用程度也有区别。而这种作用是物理学和化学长期以来没有发现的。其中一个重要原因就是没有任何非生命的仪器能够与这种信息发生响应，所以人类长期不能发现这种作用。但是正像前面讲述的和后面还要详细讲述的那样，这是一种对生物的存在和进化起着关键作用的作用。第三类情况是生物信息与非生物信息之间的交互作用。这类作用情况比较复杂，一般来说，它与非生物彼此之间的交互作用类似，即属于通常的物理和化学作用。但是对于动物来说，它的捕食和逃避被捕食尽管是由于吸引和排斥，属于编码作用，不过在抓到食物前，它们需要移动并越过各种环境障碍，熟悉被捕生物的巢穴等。换句话说，在捕到食物前它们仍然需要与某些非生命的物质和能量打交道。这时这些非生命物质可能与被捕食物建立起某种信息上的联系，这个过程非物理学和化学所能解释。这个过程使一些动物通过进化不但发展出相应的组织和器官，同时储存有先天的功能"记忆"，使它们不用教就具有天生的能力。例如，许多动物一生下来就有觅食和捕食的能力。当然有些功能是要后天教授才能会的。这个过程涉及信息转移，条件反射起到了关键作用。

条件反射是 20 世纪初由苏俄生理学家巴甫洛夫提出的。他在对狗的研究中发现，当给狗食物时，狗吃到食物会分泌唾液。狗吃食物不需要学习，属于无条件反射。后来发现，只要听到喂食者的脚步声，狗知道马上就可以吃到食物了，其唾液分泌也开始增加。喂食者的脚步声与食物本来没有必然的联系，但当脚步声与食物同时、多次重复后，狗听到脚步声，唾液就开始增加，这就是条件反射。从今天信息的角度来看，就是本来只有食物的信息才对狗有吸引力，但是由于脚步声的信息与食物的信息多次重复，建立起联系，从而使脚步声对狗也发生了吸引力。换句话说，由于条件反射，可以使本来没有响应关系的事物也能发生响应。因此，非生物在一定条件下也可能引起生物的响应。对于人来说，条件反射的作用比其他生物延展得不知大了多少倍，不但一张彩色斑斓的食物广告可以引起口中的唾液，就是离实物十万八千里的印刷文字所承载的信息也可以引起人的喜怒哀乐。从信息的角度来看，作为信宿的生物，它会对无条件反射的事物作出响应，但是由于条件反射，它也会对并非无条件反射的事物作出响应。这也属于信息在间接的条件下所能发挥的作用。人可以"睹物思人""见景生情"，这都是间接的信息发挥的作用。在发达国家，大多数人聚集在远离生产的城市里，处理的不是直接的生产资料或生活资料，而是信息，说明这种间接信息在人类生活中具有重要作用。

信息能够脱离自身，可以传递再传递，它在传递过程中给传递它的介质留下了暂时或长期的印迹。介质能够传递某种信息的条件就在于它能与这种信息发生瞬时或长期的反应，否则它不能瞬时或长期地保存信息，自然也谈不到传递该信息。从信息到达并发生反应来看，介质本身也是信宿。介质对信息的记忆可能是瞬时的，也可能是长期的。介质能够传递信息的能力各不相同，有的信息在某一介质中只传递了很短的距离就消耗殆尽，有的则可以随介质传递很长的距离。空间中实际上充满各式各样的信息，但我们感觉不到，就像只有用收音机调到适当的频率，才能听到某一电台的声音，或者调整电视机频道看到某台的图像。在有生物的地方，空间充斥着强弱不等特异性程度不同的生物编码信息。特异性不同，有的只能被同物种的生物响应，有的可以被更多的物种所理解，能否响应与介质和物种本身的特性有关。由上面的讨论可以看到，生物所能遇到的信息可分为两类：一类是生物的信息，另一类是非生物的信息。前者除了发生通常的物理和化学作用外，还可能发生生物与生物之间的编码信息的交互作用。后者一般只会发生物理和化学作用，但是由于条件反射，在某些条件下也可能引起作为信宿的生物产生与碰到生物编码信息时类似的作用。

作为信宿的动物与其他生物和非生物还有一点不同，即无论是物理化学作用或某些生物信息编码的作用，都可能通过感觉器官给该动物个体以主观上的感受（注意：并不是所有生物编码信息都能被感觉器官接受）。这种感受对其他动物个体来说，是只能通过信息感知而不能体会的。主观感受是至今还说不清的问题。

随着生物即生命在世界上的出现，世界上出现了由于生物线性大分子的振荡而出现的生物编码信息的交互作用。这是一种只限存在于一定时期的地球、只限于生物界的特有作用。这个作用在近现代人类身上特别发达，并且可以说，近现代人类是所有信息的最终信宿，也是信息科学的生物学基础。近现代人类（以下简称为人类）与其他生物最大的区别，在于接收、整理、记忆和运用间接信息的能力。这些能力当然是进化造成的。人类本身接收外界信息的能力与猿猴基本相同，但是人类可以发明各种仪器设备把自身不能接收的信息转化为自身可以感受到的信息；人类不但靠遗传和自身的实践来记忆前人和自身的经验，还能把它记录在各种介质上来长期保存信息；人类的大脑能把外界和自身的信息整理出条理来，还能把它们抽象、提高出规律来。这就是为什么说人类是所有信息的最终信宿。因为其他生物虽然也能接收和响应生物信息，有些生物在某些方面具有比人类更强的接收信息的能力，但它们只能对信息作非常简单的整理和加工，只能靠本能与父母和同伴的直接教授来保留信息。像我们现在讨论的信息等这类抽象问题完全是"为人"的，只有人类能够提出和理解。自然界对于人的认识来说，是无限的。随着人类对自然界认识的深化，人类每天都会从自然界得到新的信息，作为信宿的人类收到的信息不断增加，很难估算人类收到信息的数量，特别还要考虑到这个数量是在不断变化的。所以对信息数量的估算，只能在局部和有限的条件下进行。

　　自然科学在研究和讨论自然界发生的现象和规律时都假设这些现象和规律不因人的观察和接收信息而受到影响，即它们不是"为人"的，而是与人无关的。量子力学的出现说明这个假设并不完全现实。在我们讨论的不是一般事物，而是信息本身的时候，也不能忘记我们是在信宿为人的条件下进行的。没有人，信息就无从谈起。人类有朝一日灭亡了，作为人类事物的信息也随之消亡，尽管非人的信息仍然在"客观"地起作用。

4 生物编码信息在生命历程中的作用

前几章介绍了生物编码信息的存在和它在生物为什么是活的这个问题上的关键作用。说明长期以来由于人们没能把信息与事物的物质和能量区分开，因而注意不到生物信息的单独作用，以至于尽管生命科学高度发达，但对生物为什么是活的这样基本的问题仍然给不出令人满意的答案。这件事很有意思，因为科学是强调事物客观性的，但是却没有把客观存在的事物与人所获得的信息区分开，把二者混为一谈。我想这一方面是与认识和信息的紧密联系有关。例如，对电子的认识，如果除去了有关电子的信息，电子变成了"独立"的存在，我们就没法谈对电子的认识。换句话说，只有电子的"不独立"方面才能被我们认识；另一方面，机械唯物论把事物"独立"的一面绝对化了，不承认对事物的认识有其"不独立"的一面，并把不独立的一面与独立的一面混同，使人们长期认识不到信息的作用，特别是其"独立"发挥的作用。

由于生物编码信息的存在，使个体生物彼此之间产生吸引和排斥作用，从而使整个生物圈"活"起来，这是指生物编码信息对生物界的整体作用。具体来说，它是通过影响生命活动和生物进化的方方面面体现出它的作用的。本章的诸节就是生物编码信息的分论，讲生物编码信息在生命活动和生物进化各个领域如何和怎样发挥作用的。尽管涉及的领域比较多，但我认为生物编码信息的作用可能还不仅限于这些领域，还需要与对此感兴趣的读者共同进一步发掘，以求取得对生物编码信息更全面的认识。

有了生物编码信息，生命活动和生物进化的若干至今说不明白的环节可以通过这一信息的加入得以说明。使人们对生命活动和生物进化的过程得到一个比较完整和说得通的解释。当然，生命活动和生物进化是一个极其复杂的过程，人们对这些过程的认识也是在不断地完善和深化的。生物编码信息不可能说明所有的问题，但由于它是使整个生物界活起来的根本动因，说明了它，就使整个生物界活起来了，故当然是一个极其重要的因素。

　　生物编码信息整体上并不否认现有的生命科学理论，只是添加了一个新的理论，并对现有的理论作必要的修正和补充。由于是修正和补充，因此以下各节涉及的问题可能显得比较零散，不够系统。此外由于生物信息的特性，它有一些与现有的生命科学论述不尽相同的内容，主要是侧重于精神方面的内容，包括记忆、情绪等，特别是讨论作为生物个体的"我"的问题，尝试从生物信息角度来说明生物个体的"我"是怎么回事。这可能是不多的从科学而不是从哲学角度来探讨的问题。此外，还有一节讨论的是西方科学所没有的问题，即中医的经络理论问题。以解剖学为基础的西方医学，看不到人体内的经络系统，因此至今还不能承认它。但是建立在此理论基础上的中医针灸治疗方法，却又是有效的，不但中国人使用它，而且有越来越多的国家接受它、使用它。建立在中国传统科学思路上的经络理论与西方科学的思路是两回事，西方科学不能理解。至今有不少中外学者对经络系统到底是怎么回事提出自己的看法。本章4.8节是作者从生物编码信息角度来试图说明经络的，看是否能对理解经络系统有所帮助。

4.1　细胞增殖

　　细胞增殖是生命延续的手段之一。细胞在一个细胞周期期间完成分裂，通过一分为二进行细胞增殖以繁衍后代，并通过细胞生长使细胞质量增加。细胞分裂时作为遗传载体的 DNA 倍增后必须严格地平均分配于两个子细胞中，以保证遗传的稳定。像原核细胞这样的简单细胞靠直接分裂或称无丝分裂来一分为二。过程为细胞体积增大，核及核仁形成哑铃型，由中部断裂，胞质缢缩，形成两个子细胞。真核细胞则出现了有丝分裂，即在分裂时产生由微管及其结合蛋白所组成的星体及纺锤体。

　　细胞周期是指细胞从某一次分裂完成到其下一次分裂完成所经历的时期[51]。图4-1所示为有丝分裂细胞周期的示意图。细胞周期分为有丝分裂期（M 期）和分裂间期两大阶段。分裂间期占较长时间，又可连续分为 G_1、S、G_2 三个阶段。G_1 期为第一间隙期，又称复制前期，此时细胞生长、体积增大，发生某些蛋白质和酶的合成，某些与 DNA 合成有关的酶的活性提高。S期又称合成期，经历时间较长。3H-胸腺嘧啶的渗入试验表明，S 期有大量 DNA 合成，并渗入到细胞核中。G_2 期又称第二间隙期，一般时间较短，为细胞过渡到有丝分裂作准备，发生某些物质如微管蛋白的合成等。

　　现在文献对细胞周期的分裂一般只作现象学的描述，并不说明细胞为什么

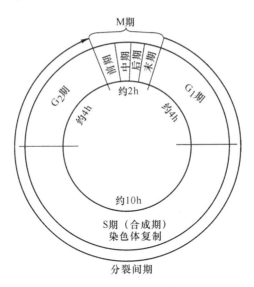

图 4-1　细胞周期示意图

会分裂增殖。而生物编码信息的吸引和排斥作用可对此作出说明。由于蛋白质和核酸之间、不同蛋白质之间和不同核酸之间具有特异性的吸引与排斥，以及一般来说吸引起主要作用，是细胞增殖的动因，在细胞增殖的过程中，大量蛋白质和核酸共有的对细胞外氨基酸、核苷酸以及其他营养物的吸引成了主要作用，它们的特异性在此并不明显，表现出来的主要是它们共同的力学作用。细胞质膜上的主动运输蛋白表现的逆浓度运输和选择性也说明了吸引作用的存在。当然何时主要吸收构成蛋白质的营养物、何时主要吸收构成核酸的营养物，则取决于细胞内二者离动态平衡偏离的情况。在原核细胞中，蛋白质和核酸互相吸引，共处在一个细胞中，由于核酸链和蛋白质链都还比较短，彼此的吸引还不强，所以它们比较松散地共处于一个细胞中。随着进化的进展，大分子链加长，彼此的吸引力增加，逐渐出现了组蛋白和核小体。由于 n-n 链、p-p 链、n-p 链都越来越长，它们彼此的吸引使它们由比较松散的短链缩化成团聚在一起的细胞核，由原核细胞进化成真核细胞。即使真核细胞是由原核细胞与真核细胞祖先的胞质共生而成，它也是二者互相吸引的结果。

　　当增殖进入分裂期 M 后，细胞分裂的力学作用很明显，因此现有的文献在描述 M 期的分裂作用时，很多时候也用牵引、紧张、旋转、振荡等词汇来描述此过程，但是没有说明其原因。M 期细胞分裂的过程可分为 6 个阶段，分别为前期、前中期、中期、后期、末期和细胞质分裂（如图 4-2 所示）。

在前期处于伸展状态的染色质由于内聚力慢慢固缩为染色体。每条染色体在S期已复制为两条染色单体，染色单体以着丝点相连。前期开始时，细胞质中的微管解体，形成一个大的微管蛋白分子库。这些微管蛋白分子进一步被组装为纺锤体。在动物细胞中，中心粒参与纺锤体的形成。中心粒是一对互相成直角的圆筒状小体，位于邻近核膜的胞质中，细胞中原有的一对中心粒在进入S期前复制，成为两对中心粒。在进入前期后，每对中心粒都成为一个中心，微管由此中心发出，呈辐射状排列，这种结构被称为星体。开始时，两个星体在核膜外保持一定距离，至晚前期，星体间微管的延伸将两个中心推向两极，形成具有双极的有丝分裂纺锤体。

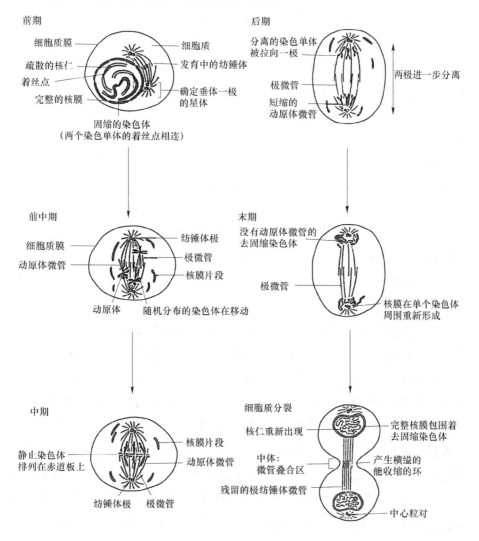

图 4-2 细胞分裂的 6 个阶段

前中期时，核膜分解为碎片，纺锤体已位于细胞中央。染色质着丝点的一侧发育出的一种特殊结构成为动原体，每个动原体附着在一组特殊的微管上，称为动原体微管。这些微管从染色体的两侧向相反方向辐射，并与纺锤丝相互作用，于是染色体被推动作颤动性的移动。到了中期，此时染色体的着丝点在纺锤体的赤道平面上排成一行。每个染色体被成对的动原体及其指向两极的微管牵引而处于紧张状态。后期时染色体上成对的动原体分离，两个染色单体各以相同速度分别向两极移动。当染色体迫近两极时，动原体微管缩短，而纺锤体两极的距离加大。到了末期，微管消失，纺锤体微管进一步延伸，在两极的染色体外围，新的核膜逐渐形成，染色体伸展。最后阶段则是细胞质分裂阶段，细胞中部的膜向内凹陷形成横缢，最后横缢被拉断开，形成两个细胞。

关于染色体在有丝分裂过程中运动的动力来源有不同解释[52]。一种解释是，在细胞质内部有一种类动力蛋白（Dynien Like Protein），间期分布于细胞质内，M 期则定位于极、纺锤体和动原体部位。这种类动力蛋白分子在染色体运动中起着动力供应作用。微管的正端插入动原体的外层，呈袖筒状。微管蛋白分子和动力蛋白分子有亲合性，微管蛋白在此端可以组装和去组装。在动原体中 ATP 分子水解可以提供能量驱动微管上的"行走蛋白"（Walking Protein），即类动力蛋白马达分子向极部移动，拉动染色体向极移动。另一种解释是，随着动原体端的微管去组装，动原体倾向于向极滑行以恢复"袖筒"壁与微管的结合而拉着染色体向极部运动，后期连续微管的延长及推动极部向两端移动，也是因类动力蛋白的马达分子在来自两极的平行连续的微管之间起到动力供应的作用。

从吸引和排斥的角度看，细胞分裂的动因是由于细胞内的核酸和蛋白质能不断吸收胞外氨基酸、蛋白质和核苷酸等。其吸引以及排斥随大分子的种类、数量和结构的变化而变化，但总的效应是引入物导致细胞内产生内应力，从而最终使其分裂的复杂过程。在 G_1 期，上一周期的细胞分裂刚刚完成，细胞内的蛋白质和核酸两者大体处于"平衡"阶段，相互的作用力比较小，吸引大分子进入细胞的过程比较慢，细胞的变化并不显著，开始时进入的主要是氨基酸，并按三链体密码关系加在蛋白质上，积累到一定程度，就进入 S 期。此时 DNA 双链之间的化学键被增多的蛋白质的吸引拉开，作用转为主要由单核酸链吸收核苷酸，进行新的 DNA 合成。细胞核的增大，增加了核膜的张力，随着 DNA 的倍增，吸引胞外氨基酸的能力增大，胞质内的物质也随之增多，使细胞质内的应力增大，细胞质内的微管解体，形成一个大的微管蛋白分子库。中心粒也发生变化。在一对中心粒的周围是一团透明的电子密度高的中心粒周围物质（PCM），由于力的作用，一对互相垂直的中心粒在 S 期时稍有分离，并在距该对中心粒一定距离处，复制出一个与其垂直的另一对中心粒。G_2 晚期到 M 早期，这个子中心粒不断长大。两对中心粒逐渐移到细胞两极，并组织成星体及纺锤体，星体和纺锤体的微管组成来源于胞质中的微管蛋白库。植物细胞中无中心粒和星体，由许多微极组织成纺锤体。到了有丝分裂期 M 期，此时 DNA 的复制已经完成。由于内聚力的作用以及细胞核内外蛋白质的吸引，此时松散状态的染色质已固缩为染色体，但各条之间比较松散，核膜被内力破解后，细胞中的内应力状态发生变化，原来细胞质内的应力成为主导，整个细胞的应力由不均匀分布逐渐转为以两对中心粒为两极，向两个相反方向拉伸，以使细胞内力平衡。这种内部的张力使蛋白体微管排列成行。由于这种力的主导作用，使纺锤体移动到细胞中央原来细胞核的位置。而由染色质着丝点的一侧发育出的动原体附着在一组特殊的微管上成为动原体微管。这些微管从染色体的两侧向相反方向辐射，并与纺锤丝相互作用，使染色体作颤动性移动，被拉到大体与作用力垂直的位置上。每个染色体被成对的动原体及其指向两极的微管牵引而处于紧张状态。若用微束激光打断一侧微管，则染色体被拉到相反极的一侧，说明这种力平衡的存在。到了后期，染色体上成对的动原体分离，立即打破力的平衡，使两个染色体各以相同的速度分别向两极移动。当分离的染色体移至两极时，进入末期，此时微管消失。纺锤体微管进一步延伸，核膜逐渐形成，染色体也重新伸展开来。在此期间，细胞质也开始分裂，细胞中部的膜以垂直于纺锤体的方向向内凹陷，形成横缢。横缢逐步加深，最终导致细胞一分为二，有丝分裂完成。这个过程也是内应力由紧张到逐步松弛的过程。内应力的建立，是由于细胞内核酸和蛋白质对生物大分子的吸引，进入细胞内的物质导致细胞内产生内应力，这个内应力推动细胞内陆续发生核内 DNA 双链打开、DNA 增殖、中心粒分离、增殖，蛋白质微管因受力呈方向性排列而形成星体及纺锤体，进而两对染色体受力分离，细胞质分裂，细胞最终一分为二。

为了克服进行这些活动的阻力，当然需要 ATP 等能量。能量的导向是生物大分子之间的吸引与排斥。上面说的类动力蛋白的运动就表现出这些作用。

生物细胞的大小也说明主导细胞活动的是细胞内核酸和蛋白质的吸引和排斥的动态"平衡"和围绕这一"平衡"的上下波动。生物进化的主要顺序是从单细胞生物发展到多细胞生物，原核生物发展到真核生物。多细胞生物的躯体进化得越来越大，躯体细胞的数目越来越多。进化过程中虽然有局部的倒退、逆转和分化，但总的趋势是躯体越来越大。按照进化论，变异是生物的普遍特性，但变异并不必然导致躯体的增大。值得注意的是尽管生物躯体随着进化越来越大，但组成躯体的细胞尺寸却保持在一个不大的范围内。表4-1是病毒和各类细胞的尺寸。

表4-1　病毒和各类细胞的直径[52]

细胞类型	直径/μm
最小的病毒	0.02
支原体细胞	0.1~0.3
细菌细胞	1~2
动植物细胞	20~30（10~50）
原生动物细胞	数百至数千

由表4-1可以看出，不同组织类型的病毒和细胞，每种类型的尺寸都处于一个不大的范围内。当然，这里也有一些例外，例如鸵鸟卵细胞直径可达5cm，有些神经细胞纤维长度可达1m，但一般只在狭小的范围内变动。大象与小鼠的体型大小相差悬殊，但细胞大小却无明显差异。又如所有哺乳动物的肾细胞、肝细胞或其他细胞，在人、牛、马、象与小鼠的相应细胞大小几乎相同。这种关系有人称为"细胞体积的守恒定律"。

再拿细胞内的基因组来看，一种生物单倍体基因组的 DNA 总量称为 C 值，C 值是物种的一个特性。一般说来，C 值是随着生物的进化而增加的。从原核生物到真核生物，其基因组大小和 DNA 含量随着生物进化复杂程度的增加而稳步上升。不过在真核生物中，这种进化的复杂程度与 C 值的大小并非完全一致，这种现象被称为 C 值悖理[70]。如两栖类和某些显花植物的基因组可达 1011bp，甚至比人类的高出 100 倍。

对细胞大小近似守恒的关系也有一些解释[52]，包括细胞表面积与体积的关系；或认为细胞的核与质应有一定的比例关系，因为核内所含的信息量有一定限度，所以能控制的细胞质的活动也是有限度的；还有的认为细胞内物质的交流如果体积太大会影响物质传递与交流的速度。这些解释中表面积与体积的关系说服力不强，核与质应有一定比例关系和尺寸太大影响交流有一定道理，但是没有说明这个关系是怎样形成的。

从生物编码信息的角度来看，细胞增大的主要原因还是生物大分子有选择性地吸引。核酸对核酸和核苷酸有吸引，同时对蛋白质也有一定的吸引能力。当核酸长度不大、蛋白质也不多时，核酸之间、蛋白质之间，以及核酸与蛋白质之间的互相吸引作用不大。对病毒来说，它们还不具备细胞结构，核酸既可以是 DNA，也可以是 RNA，RNA 只是单链线形。DNA 既可以是线形，也可以是环形；可以是单链，也可以是双链，总之组成比较稀散。这些有细胞膜或没有细胞膜的团聚体彼此之间的相互作用"势均力敌"，因此病毒彼此间和细菌彼此间以及病毒和细菌之间的核苷酸比较容易交换，它们的变异比较容易发生。当 DNA 的长度随着进化不断加长时，这种加长就跨越了从细菌到动植物几个阶段。每个阶段细胞中的核酸和蛋白质吸引在一起，处于一个大体稳定的尺寸。总的来说，核酸链条自身的吸引作用比对蛋白质的吸引作用更强，因而核酸双链条也更稳定，可以成为生物个体的标志。随着核酸链加长，核酸各个片段由于互相吸引，并带着与它紧密结合的组蛋白卷缩在一起，从而形成了染色体和细胞核，出现了真核生物。卷缩的细胞核对吸引核外细胞质的能力有限，不同细胞的尺寸不会差得很多。在细胞超过一定尺寸后，核酸和蛋白质二者虽然处于大体稳定的动态"平衡"，但是还有一些多余的吸引力可以吸引周围的细胞，从而形成多细胞的组织。就像在世上的生物彼此之间有特异性的吸引与排斥作用一样，这种特异性的吸引与排斥作用，在生物进化过程中同样也起着重要作用，在这个过程中，吸引是主导的。到了真核细胞，细胞核对细胞质的吸引力有限，因此细胞的大小只保持在一定范围内。

有人估计，从保证一个细胞生命活动运转所必需的条件看，完成细胞功能至少需要 100 种酶，这些分子进行酶促反应所必需的空间直径约为 50nm，加上核糖体（每个核糖体直径约为 0~20nm），以及细胞膜与核酸，推算出一个细胞的最小极限直径不可能小于 100nm，也就是 $0.1\mu m$ 左右。目前发现的最小最简单的细胞为支原体，直径一般为 $0.1~0.3\mu m$；进化到细菌，其直径在 $0.5~5\mu m$ 之间。由原核细胞发展到真核细胞，由于内部结构和功能的多样化以及遗传信息量和遗传装置的扩增，使真核细胞的尺寸比原核细胞加大，但高等动植物的细胞大多数仍处在一个不大的范围内，约为 $20~30\mu m$。原核细胞 DNA 长度小，能吸引的蛋白质不多，因而细胞尺寸小。高等多细胞动植物 DNA 长，可吸引更多的蛋白质，因而细胞尺寸较大，但是在这个 DNA 长度范围内，由于 DNA 在细胞核内的卷缩，对外的吸引力差别不大，所以细胞的尺寸变化不大。不过高等多细胞动植物细胞之间的结合不是只靠细胞间的细胞质膜和细胞壁，还要靠二者之间的相互吸引。

4.2　酶

生物体内不断进行着多种多样的生物化学反应，其中绝大多数的反应要靠催化剂来催化。生物体内起催化作用的就是酶。催化剂通过降低活化能来提高化学反应的速率。如果没有酶，在生物正常体温和 pH 值条件下，新陈代谢的速率极其缓慢，生命活动不可能发生。而靠酶，这些生物化学反应速率得以提高若干个数量级，使生命活动在体内能以显著的速率进行。因此没有酶，就不可能有生命。

许多无机化学反应也可以靠催化剂来提高反应速率。这些催化剂的功能也是降低活化能。但其运用的普遍程度远逊于生物化学。生物体内每一步生物化学反应几乎都要有酶介入，没有酶寸步难行。例如，酵母菌利用糖类发酵生成酒精要有 12 步反应[53]，每一步都需要一种酶催化，整个过程在 12 种酶的催化下才能完成。酶并不能改变反应的方向，也不能改变参与反应的最终分子浓度，它只是改变反应的速率，它在加速反应速率的同时本身并不消耗，并且可以反复地起作用。在生物体内起作用的酶不是什么别的东西，几乎都是各种各样的蛋白质，除此之外，还发现某些 RNA 分子也表现有催化活性，所以从这个角度来说，生物整体是自催化的。

酶是具有高度特异性的催化剂。酶的特异性又可分为绝对特异性、相对特异性和立体结构特异性。绝对特异性酶只能催化一种或两种结构极其相似的化合物；相对特异性酶可以催化一类化合物或一种化学键；立体结构特异性酶包括光学异构性和几何异构性。前者只能催化一对镜像结构中的一种，后者是指立体结构体中的一种，顺式或反式，它只能催化一种。有些酶只靠酶中蛋白质还不能表现出酶的活性或全部活性，需要非蛋白质成分的辅助因子存在，才能构成有活性的全酶。许多辅助因子只是简单的离子。许多重要的微量元素实际上也起着辅助因子的作用。有机的辅助因子被称为辅酶，通常是简单的有机分子。酶蛋白与辅助因子起的作用不同，酶反应的专一性取决于酶蛋白本身，而辅助因子直接对电子、原子或某些化学基团起传递作用。

酶分六大类，即氧化还原酶、转移酶、水解酶、裂合酶、异构酶和合成酶[53]。酶催化着各式各样的生物化学反应，但它和其他天然蛋白质一样，其一维多肽链也不是以松散状态存在，而是以肽链作为一级结构，在此基础上形成二级、三级甚至四级结构。只有保持一定的空间结构，酶才能具有催化活性。大多数酶是由线性链卷成螺旋和折叠结构，成为二级结构，并在此基础上形成复杂的三级结构。只由一条多肽链组成三级结构的酶称作单体酶。有些酶具有四级结构。它们由具有三级结构的球状蛋白组合而成，每个球状蛋白质称为亚基，每个亚基一般是一条多肽链。

酶的催化反应一般可表示为：

$$E + S \underset{k_{-1}}{\overset{k_1}{\rightleftharpoons}} ES \xrightarrow{k_2} E + P$$

式中，E 为酶；S 为底物，P 为产物；k 为反应的速率常数。

酶与底物首先形成络合物，使底物激活，在酶的表面形成产物 P，然后反应产物从酶的表面释放，酶则继续进行下一步的催化反应。ES 络合物的形成和解离很快，因为只是非共价键的形成和断裂。

表述单底物和准单底物催化反应速率的方程为 Michaelis–Menton 方程（米氏方程）。经过后人修改过的现在通用的形式为：

催化反应初始速率 $\qquad V_0 = \dfrac{V_{\max}[S_0]}{[S_0] + K_m}$

式中，$V_{\max}$ 为反应的最大速率；$[S_0]$ 为开始时底物的浓度；K_m 为米氏常数，$K_m = \dfrac{K_{-1} + K_2}{K_1}$。

公式推导的假设之一是，反应开始后不久，中间物的生成和分解速率接近相等时成为稳态，此时底物浓度和产物浓度不断变化。稳态可能在反应初期数毫秒内即可建立。有关米氏方程的推导可参阅生物化学和酶的书籍[54]。

关于酶催化作用的机制大体是：酶具有活性中心。活性中心是由酶蛋白分子在三维结构上比较靠近的少数氨基酸残基或这些残基上的某些基团构成的。具有辅酶的酶其辅酶分子或辅酶分子的某一部分往往是活性中心的组成部分。一般认为，活性中心有两个功能部位。一个是结合部位，靠此部位将一定的底物结合到酶分子上；另一部位是催化部位，底物的键在此处被打断或形成新的键。活性中心上的基团可以与底物相互接近，并使底物基团与酶活性中心上的催化基团按照正确的方位几何定向，从而有利于中间产物的形成和催化反应的进行，这种作用称为趋近与定向效应。由于此效应使得：（1）底物分子在活性中心附近的浓度升高，使反应速率加快；（2）酶活性中心上的基团对底物分子具有轨道引导作用，从而降低了反应的活化能；（3）中间产物使分子间反应变成了分子内反应，使反应速率提高；（4）经测定 ES 的寿命为 $10^{-7} \sim 10^{-4}$ s，而两个分子随机碰撞而结合的平均寿命为 10^{-13} s，前者为后者的 $10^6 \sim 10^9$ 倍，当然使酶催化反应的速率大大提高[54]。

一般用"锁钥学说"说明酶的作用，即底物和酶的活性中心在结构上必须相互吻合，正如一把钥匙只能开一把锁一样。但在许多情况下二者并不那么吻合，所以后来又出现了"诱导契合"学说，即酶的活性中心和底物在结构上并不一定严密互补，当底物分子出现后，酶蛋白受到底物分子诱导，构象发生有利于结合底物的变化，从而导致二者在构象上互补。与其他无机和有机化学催化剂相比，酶的催化效率极高。例如，一个分子过氧化氢酶在 1min 内，可催化 500 万个分子的过氧化氢分解为水和氧；1g 结晶 α-淀粉酶在 600℃、15min 就可使 2t 的淀粉转化为糊精[53]。

比起非生物催化剂来，酶有更高的特异性。前者具有相当的通用性，而酶几乎是"一把钥匙开一把锁"，尽管有的酶也有一定的通用性，但总的来说，专用性强得多。在生物体中几乎是每一种酶负责一种反应。反应到哪一步就有哪一种酶登台亮相，不早不晚。各种酶前仆后继，环环相扣。酶分为结构酶和诱导酶两类。结构酶是存在于细胞中的酶，在整个生命周期中含量比较稳定；诱导酶是细胞受到特殊诱导物诱导后才产生的酶。诱导物往往就是酶的底物或底物的结构类似物。当反应需要时，结构酶会立即到场，诱导酶也会应运而生，催化该处的生物化学反应。上面的理论解释原则上都适用于非生物催化剂，实际上现有的关于非生物催化剂的理论说明与酶的说明都是相同的。非生物催化的过度态理论也是说当具有一定能量的分子相互碰撞时，首先形成一个活化配合物，然后配合物分解为产物，从而降低了反应的活化能。上述的米氏方程也同样适用于计算这样的催化速率[55]。从催化理论可以看出，它所讨论的是在底物与催化剂开始接触以后的事情，也就是催化开始以后的事，而催化开始以后无论无机催化、有机催化、还是酶，都发生的是催化所希望加速的化学变化，总之它不涉及底物与催化剂如何相遇的问题，因此米氏方程既适用于无机，也适用于有机和酶。而无机和有机催化与酶不同的是，无机催化剂的分子或原子尺寸较小，形状较简单。它们是靠自由碰撞发生化学反应的。而 3 个分子碰撞在一起发生化学反应的机会比 2 个分子碰撞在一起的机会小得多[21]。有机分子的碰撞比无机的分子或原子更困难一些，例如：反应 $A+B—C→A-B+C$。反应开始时，A 进攻 B—C 中的 B 开始反应，它们可以有不同的碰撞方式，但只有 A 沿着 B—C 轴向一边靠近并在 B 一边形成线性配合物时能量最为有利，此时 B—C 键变弱，键长增加，共价键开始断裂，而 A、B 之间的键开始形成[56]。这个过程涉及碰撞的位置和方位问题，显然比原子和小分子难。而对于生物大分子来说，由于尺寸大、形状复杂，反应受到反应基团周围其他分子或基团的制约，活性中心与底物接触不易，有一个"锁"和"钥匙"相遇，并互相吻合或契合的问题，对酶和底物如何能做到这一点至今没有说明。而生物编码信息的相互吸引正好可以说明这一作用。

由于不同的生物大分子具有高度特异性的编码，它们的振荡产生高度选择性的吸引和排斥作用，使得能够产生互相吸引作用的底物和酶相互吸引、互相接近，甚至产生诱导酶。吸引作用强的酶和底物还可能发生"诱导契合"作用，即有的酶的活性部位与底物不完全契合，为了结合底物，酶的活性部位可以作一定变形以适应底物。而一旦 ES 络合物形成，由于大分子的结构变化，吸引关系马上改变，E 立即将 P 推出，回复原状，继续新的催化。在底物对酶的吸引作用更强的情况下，甚至可以启动基因，使诱导酶得以出生。这种诱导作用可以一个接一个或一个接多个地进行，即某一催化作用可以进一步推动另一个或多个催化作用的启动。当然有的排斥性的酶也会对别的催化作用起阻碍甚至抑制的作用。而这些都是编码信息的相互作用。艾根在"超循环论"（见 1.2.5 节）中认为生物进化应分为三个阶段，即生物化学阶段、分子自组织进化阶段和生物学进化阶段。在分子自组织进化阶段，进化同样受到类似于生物世界的选择和进化原理的支配，主要解决生物信息的产生问题。在这个阶段发生反应循环、催化循环和超循环三类从简单到复杂的循环，这三类循环均属催化过程。他列举了 RNA 的复制、核酸和蛋白质的相互作用等来说明催化过程。他认为，蛋白质的空间折叠是它具有识别特定结构能力的基础，形成蛋白质时，特定的、非常精确的指令可由蛋白质单独给出，毋须借助核酸密码，但这种指令只限制在相对短的序列中（例如，五肽）。利用这种性质可以设想一种酶的网络。但是他并没有说明为什么有些蛋白质能有催化的功能。它们大多数涉及蛋白质和蛋白质之间的相互作用，而核酸和蛋白质之间、蛋白质和蛋白质之间的具有特异性的相互吸引与排斥作用才能说明酶的产生和它们的催化作用。酶能加快化学反应速率的关键是它能够把通常产生化学反应前提的原子和分子的随机碰撞变成定向碰撞，把需要发生反应的原子和分子拉在一起，使反应得以进行，它靠的是定向吸引。

显然，作为酶的蛋白质和 RNA 在生物体中的出现是进化过程的产物，这是事实而并不是假设。如何解释这个过程我们将在下节中讨论。

4.3 进化

4.3.1 生物大分子以吸引为主的交互作用

自 19 世纪达尔文提出进化论以来，进化论始终是生物进化的中心理论。尽管经过一个多世纪，进化论被新的科学进展所丰富、修正和批判，但它仍然是进化理论的核心，即生物的进化是由于变异和自然选择。生物的变异是偶然的、没有规律的、盲目的，自然选择决定了生物进化的取向。

比他稍早的法国生物学家拉马克，是进化论的前驱。他的主要理论是用进废退和获得性遗传。达尔文在他的进化论里也曾引用了拉马克的获得性遗传学说，但在解释适应的起源时强调的是自然选择的作用。以后随着孟德尔遗传规律的再发现，特别是 20 世纪 50 年代 Watson 和 Crick 提出的 DNA 分子的双螺旋模型，否定了拉马克获得性可以遗传的学说，Crick 提出的遗传中心法则占据了统治地位。分子遗传学认为，只有核苷酸的缺失、嵌入、置换和倒位这类基因突变才能使遗传信息改变。这种状况一直延续到近年，直到表观遗传学（Epigenetics）的出现才对基因是遗传的唯一因素提出了质疑。表观遗传学是指不需基因序列改变而产生的可遗传的基因表达的改变，下面也会谈到。

在生物大分子出现以后，生物大分子之间马上就表现出吸引和聚集的倾向。20 世纪前半叶开始研究生命起源的两个学派——苏联的 Oparin 和美国的 Fox 学派，都发现了这一现象[58]。Oparin 将白明胶与阿拉伯胶水溶液混合，不久就出现轮廓明确的小滴。在明胶含量只有 0.001% 的溶液里就可以得到这类"团聚体"。溶液中蛋白质浓度低时，蛋白质在团聚体小滴中的相对浓集现象就越明显。他用组蛋白和多核苷酸制成团聚体，发现体内可以进行糖的合成和分解反应，即表现出生物活性。Fox 用两种和两种以上的氨基酸干热聚合，可以形成他称为类蛋白的高分子聚合物。在有磷酸化合物参与的条件下，在 700℃ 即可形成类蛋白。类蛋白与简单氨基酸混合物不同，它具有催化作用。分子量越高，活性也越高，但比起酶来作用还差得远[59]。随后其他人的实验表明，可以获得形形色色的生物大分子团聚体。包括蛋白质—蛋白质、蛋白质—核酸、蛋白质—糖类、蛋白质—类脂化合物、蛋白质—核酸—糖类等团聚体。团聚体与普通液滴不同，内部有一定的结构。例如，可以用化学方法将不同的氨基酸合成为类蛋白微球体。Wachneldt 发现，当类蛋白中碱性氨基酸与二羧氨基酸的比例稍大于 1.0 时，它们就能与 RNA 形成微粒；当将一种含很多赖氨酸的类蛋白水溶液和小牛胸腺水溶液混合时，可得到 DNA 纤维。Yuki 等人研究类蛋白物质与均聚核糖核苷酸的结合时发现，富赖氨酸（无精氨酸）的碱性类蛋白选择性地与聚 C 和聚 U 形成微球体；在相同条件下，富精氨酸（无赖氨酸）的碱性类蛋白比富赖氨酸（无精氨酸）的类蛋白更易于与均聚核糖核苷酸结合。Podder 等人报道了单核苷-氨基酸（或二肽），二肽-单核苷酸等体系内，组成物之间的相互作用存在专一性。这些结果表明，选择性依赖于核苷酸和氨基酸的组成。这可能是三联体密码的早期起源。这些研究表明，核苷酸与核苷酸之间、蛋白质与蛋白质之间，以及核苷酸与蛋白质之间，从生物进化的早期起就表现有选择性地交互吸引作用。此外，在水悬浮液中，类蛋白微球体之间除有趋向于互相接近的作用外，也有互相排斥的作用。

只从核苷酸彼此之间的作用来看，从微生物发展到参天大树和庞大恐龙的历程表明，核苷酸与核酸之间的吸引起了重要作用。图 4-3 所示为生物细胞中碱基对数目随生物进化而逐步增加的趋势。进化过程中虽有曲折和倒退，但总的增加的趋势却是明显的。

病毒与宿主的作用也可以通过核酸之间的特异性吸引加以说明。病毒首先借病毒吸引蛋白特异地与宿主上的病毒受体结合，然后将核酸注入宿主细胞，并将蛋白留在宿主体外。有的病毒的 DNA 还可以整合到宿主的 DNA 上，随宿主 DNA 的复制而复制，说明核酸之间有特异性的吸引。

关于氨基酸形成肽链的问题。从 1953 年 Miller 在实验室的条件下生成氨基酸以来，后来的诸多研究都表明，某些作为原料的无机化合物的混合物在一定的高能条件下，都可能形成氨基酸。此外还有人认为，氨基酸来自外太空。不管这些氨基酸来自哪里，它首先要形成肽链。关于肽链的生成也有若

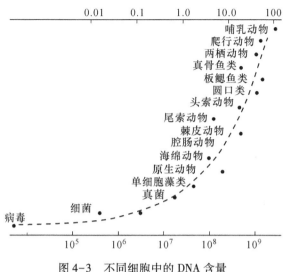

图 4-3 不同细胞中的 DNA 含量

干假说，例如，氨基酸可借太阳辐射、矿物表面的吸附、火山活动的干燥加热以及冰冻的干燥作用等连接在一起[59]。一旦形成肽链并进一步形成蛋白质，由于组成它们的氨基酸有 20 种（在开始时可能没那么多，只有六七种）[1]，不同的氨基酸具有不同的性能，从而蛋白质可以表现出多样功能。例如，最重要的一类是脂肪族的缬氨酸、亮氨酸和异亮氨酸，它们的侧链是高度疏水的，在有水的环境下倾向于聚集在一起以避开水，从而对形成细胞膜具有重要作用。蛋白质的许多功能像疏水功能等是用化学作用可以解释的，但很多功能在于作为氨基酸群体的"集体"作用则非化学作用所能解释。蛋白质自身有一定复制能力，说明蛋白质对氨基酸的吸引作用，尤其是在原始生命中的蛋白质。有人提出，蛋白质也有可能作为遗传信息的载体。刘次全认为[60]，蛋白质同核酸一样，是一种高度量子简并性物质。或者说，是一种高共振物质（研究表明，高共振物质十分普遍地都有一种非常的储存能量和信息的能力），具有巨量的、强大相互作用的非偶电子云以及有着很高的介电常数和出现三线激发态等作为信息载体的共同特征。他认为，从化学的角度看，核酸和蛋白质都是信息大分子。信息吸收的本质是一些分子对另一些分子的识别，是由它们的相互作用决定的。在这个意义上，生物体是化学机器，是以自身分子为信号的。他认为，犹如碱基配对决定核酸的复制那样，氨基酸的配对同样可以为蛋白质的复制提供基础。有研究表明，在多肽合成中，由氨基酸对决定的互补性恰好相当于在多核苷酸合成中由碱基对决定的互补性。他引用 Bernstein 的研究结果，认为由蛋白质到蛋白质的信息传递的初步证据已经找到。按照密码子-氨基酸配对模型，密码子-氨基酸配对是氨基酸与其倒向密码子配对。例如，Gly（GGG）和 Pro（CCC）配对，Phe（UUU）和 Lys（AAA）配对等。他推测，原始生命中的蛋白质是可以复制的。

20 世纪 70 年代以后的一系列研究表明，核酸与蛋白质关系的中心法则并不全面[61]。反转录酶的发现证明有反转录的机制，即 RNA 的遗传信息也可以通过复制传递给子代，特别是发现不需核酸的一些蛋白质复制现象。例如，抗生素多肽、谷胱甘肽、胞壁质交联肽等合成不以 DNA 为模板，而以多酶体系为模板进行肽链合成。多酶体系就是按一定次序吸附特定的一种氨基酸并合成肽链。此外，发现能引起动物和人患羊瘙痒病、疯牛病、人类海绵状脑病（Kuru 病、CJD 病、GSS 病）的一种传染性病原——朊病毒（Prion）中并不含核酸。从多种动物患病组织中查出的 prp 的氨基酸序列发现 prp 有两种类型。一种是细胞型的 prpc，一种是致病型 prpsc。前者由核基因 DNA 编码，后者未发现 DNA，不以 DNA 编码。患病体中的 prpc 受朊病毒感染后由 prpsc 催化转变构象，变为 prpsc。表明 prpsc 的繁殖与复制是以 prpsc 为模板，由 prpc 译后修饰而来。

这些现象说明，无论是 DNA，还是 RNA，以及蛋白质，都是可以携带遗传信息的生物大分子。只不过它们遗传的能力强弱不同而已，在不同的条件下，它们都可能显现出遗传能力。

20 世纪 90 年代还发现了蛋白质自剪切现象[61]。在多种古细菌、真细菌和单细胞真核生物的多种蛋白质中发现有内含子。人们把翻译后在前体蛋白质中剪去的多肽序列称为蛋白质内含子，留下的称为蛋白质外显子。例如，由 8 个亚基组成的酿酒酵母 H+-ATPase 的一个亚基由 TFPI 编码，按 TFP 的读码框计算编码的蛋白质应有 119kDa，但实际上只有 69kDa。氨基酸序列分析表明，285~737 位氨基酸残基已被切去，只留下 1~285 位和 738~1071 位。剪切时删除具有内切核酸酶功能的内含子，将 N 端外显子与 C 端外显子连接成 ATPase，蛋白质内含子与 C 端外显子交界处，序列保守。内含子最后两个氨基酸残基一律是 His 和 Asn，C 端外显子的第一个氨基酸是 Cys、Ser 或 Thr，内含子第一个氨基酸是 Cys 或 Ser。

以上的例子说明，蛋白质和蛋白质之间存在着有特异性的吸引和排斥（剪切内含子）作用。而以吸引作用为主，促使蛋白质不断聚集长大。

由于核酸与蛋白质之间有相互吸引作用，使细胞得以生成（参见 4.1 节）。三联体密码表明了它们之间的选择性吸引。20 世纪末，我国赵玉芬和曹培生还提出了生命由核酸和蛋白质共起源的模型[62]，即由双烷基磷酰基（DAP）和氨基酸（AA）组成的磷酰化氨基酸（DAP-AA）在常温下自装配成寡肽，在有核苷存在时，DAP-AA 又能使核苷装配成寡核苷酸。在核酸和蛋白质合成中，DAP-AA 既作为能源，又作为磷酰基供体，并通过它的媒介把蛋白质合成与核酸合成偶联起来。在这一循环体系中，磷酰化氨基酸分子起着多种"原始酶"（转肽酶、连接酶等）的作用[63]。这是由化学进化向生物编码进化的一个可能模型。

细胞生成以后，微生物的细胞内核酸和蛋白质链均比较短，它们彼此之间的吸引作用不是很强，而与相邻细胞内的生物大分子又彼此有吸引作用，因而像细菌和古菌这样的微生物彼此容易发生基因间的转移和重组。这种基因的水平转移可以发生在原核生物间，原核生物和真核生物间，甚至多细胞真核生物间[71,72]。原核生物的转移和重组的方式主要有三种，即结合、转化和转导。结合是供体菌和受体菌的完整细胞直接接触，通过接触实现较大片段的 DNA 传递；转化是受体细胞直接吸收来自供体细胞的 DNA 片段，并与染色体同源片段进行遗传物质交换，从而使受体细胞获得新的遗传特性；转导是以完全缺陷或部分缺陷噬菌体为媒介，把供体细胞的 DNA 片段转移到受体细胞中，使后者发生遗传变异。又如细菌细胞核外的遗传因子质粒，是独立于染色体之外的复制子，包括转移性质粒和非转移性质粒两种。前者可以在细胞间转移，并能带动染色体发生转移，这也是细胞之间物质交换的一种。

生物细胞内还有一类能在同一细胞的不同染色体之间或同一染色体的不同位点之间转移的 DNA 序列，被称为转座因子。这类基因又称作"跳跃基因"，可在 DNA 分子的许多位点插入及整合，但它更倾向于插入到某些特定的"靶序列"位点。

微生物染色体的数量、结构及组成等遗传物质发生多种变化的现象称为突变，包括基因突变和染色体畸变。基因突变包括碱基置换、缺失、插入、移码突变；移码突变是指缺失或插入的碱基只有一个或两个，它会引起整个遗传密码的读码错误。这些突变会导致后代形态、功能的改变。染色体畸变是指染色体在结构上有较大范围变化的变异。突变包括自发突变和诱发突变。前者是自然发生的突变，后者是通过诱导使突变加速发生。自发突变是随机的，但突变热点和突变频率也有某种规律性。热点是指同一基因内部突变率特别高的位点。诱发突变也有热点，例如，甲基化的胞嘧啶可能是自发突变的热点，又如临近的碱基 GC 强烈地促进 2-氨基嘌呤的诱变作用。这些作用都可以用基因间特异性的吸引与排斥来说明，当然这里也不排斥偶然性的作用。

由原核生物向真核生物进化的内共生理论也说明一些小的微生物之间的互相吸引导致的生物进化。20 世纪 70 年代，美国 Margulis 总结前人和她自己的研究，提出真核细胞起源于若干原核生物与真核生物祖先的胞质共生。真核细胞起源于若干原核生物与真核生物祖先的胞质（即相当于除了细胞器以外的真核细胞成分）共生。真核细胞的线粒体和质体来源于共生的真细菌（线粒体可能来源于紫细菌，质体来源于蓝菌），运动器（包括鞭毛和胞内微管系统）来自共生的螺旋体类的真细菌。同样，叶绿体也是内共生起源的，即蓝藻类的原核生物被原始的真核细胞摄入胞内，与宿主细胞长期共生，逐渐演化为叶绿体。内共生学说得到了比较生物学研究的支持。例如，对不同生物核糖体核酸的亚单位 16SrRNA 的一级结构的比较研究表明，真核细胞确是一个复合体，它的胞质部分和细胞器部分来源不同[28]。线粒体和叶绿素的不少基因随着进化已转移到细胞核中。它们的许多结构和蛋白质是由核内基因组编码的。例如，四膜虫线粒体 DNA 中还保留有 11 种编码线粒体核糖体蛋白质的基因，真菌还保留 3 种，而在高等动物细胞的线粒体 DNA 内却一种也没有了。衣藻的叶绿体 DNA 中至少还存在 5 种编码叶绿体核糖体的基因，而在高等植物细胞中，所有的这类基因都被整合到核内基因组中[52]。这种基因转移是比较容易实现的，现代基因工程也表明了这一点。

最简单的单细胞生物变形虫就已表现出特异性的吸引和排斥活动。它的形态就像一团不断变化的不定形的物质，它会向不同的方向伸出大小和长短不齐的突起，即它的伪足。如果在它的前边触到一根死了的水藻丝，它就会形成接触处薄、两边厚的形态，这时它的一边会不动，另一边继续前进，从而绕开水藻丝。但若接触的是它的食物眼虫胞囊，则会两边伸出，围成一个口袋，把眼虫胞囊包围，在胞浆中消化和吸收[33]。

由单细胞生物进化到多细胞生物，多细胞生物在增殖过程中还会产生不对称分裂，分化出 DNA 虽相同，但细胞质和功能各不相同的细胞。无疑在开始时环境起了重要作用。不同细胞的周围环境影响了它的变异，例如，处于表面的细胞直接接触外界，外界可能发生较大的变化。而处于内部的细胞直接接触的则是相邻细胞，可能的变化程度较小，它们的进化环境不同，是细胞分化的一个重要原因。关于细胞的不对称分裂，是由在待分裂细胞的极性轴上不均匀分布的细胞命运决定子决定的[20]。但不管细胞是对称分裂还是不对称分裂，其开始的动因仍然是 4.1 节所讲的，是胞内的线性大分子对外界生物大分子的吸引，只是动态平衡条件与单细胞生物不同，它在动态平衡时，细胞整体对外围细胞仍有多余的吸引力。

注意这里并没谈进化的遗传机制，这里谈的是生物大分子具有特异性的吸引与排斥对进化过程的影响。至于是怎样遗传下来的这里并不讨论，事实上是它们遗传下来了。

4.3.2 生物编码信息的作用

随着核酸和肽链的加长，以及核苷酸和氨基酸链的选择性吸引，逐渐出现了生物编码之间的相互作用。它有别于单个原子和简单分子之间的化学相互作用，它是靠线性大分子的集体振荡起作用的。尺度不同的大分子其作用也各不相同。例如，分子量较小、构象可变度较大的活性多肽属于体内的化学传递物质，作用是沟通体内各类细胞之间的协同，如生长、发育、生殖以及兴奋性等重要生命现象。而分子量较大的蛋白质则是生物体的功能大分子，完成生物体所需要的各种功能，如氧的运输、生化反应的催化、肌肉收缩、免疫反应、血液凝固等。不但是蛋白质，就是多肽也需要在形成一定构象的条件下才能起作用。小肽一般没有 α-螺旋，α-螺旋的主要功能是稳定总的构象，而不在于直接参与蛋白质的活性。肽中一般没有 α-螺旋，表明肽的构象有很大的可变性和可塑性，它可能在发挥活性时才出现构象[42]。

为了说明生物大分子与简单无机和有机化合物功能的区别，以胰岛素为例。图 4-4 所示为牛胰岛素的一级结构图。它由 21 肽的 A 键和 30 肽的 B 键组成。在两条多肽链间有两条二硫键，还有一条多肽链内部的二硫键。胰岛素分子内部由疏水侧链充满，形成一个疏水核，亲水侧链分散在疏水区的周围。

人的胰岛素是促进合成代谢的激素[39]。它的靶细胞主要是肝、脂肪组织

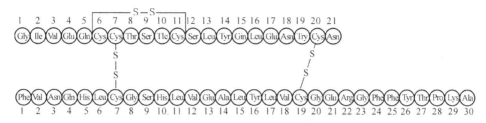

图 4-4　牛胰岛素的一级结构

和骨骼肌细胞。胰岛素能促进全身各组织，尤其能加速肝细胞和肌细胞对葡萄糖的摄取、储存和利用。肝细胞和肌细胞大量吸收葡萄糖后，一方面将其转化为糖原储存起来，或在肝细胞内将葡萄糖转变成脂肪酸，转运到脂肪组织储存；另一方面促进葡萄糖氧化生成高能磷酸化合物，如 ATP，作为能量来源。由于胰岛素的上述作用，结果降低了血糖浓度。

　　进入脂肪细胞的葡萄糖不仅用于合成脂肪酸，而且主要使其转化成 α-磷酸甘油，并与脂肪酸形成甘油三酯贮存于脂肪细胞内。胰岛素缺乏时可以引起脂肪代谢紊乱，出现血脂升高、动脉硬化。胰岛素还能促进氨基酸进入细胞，然后直接作用于核糖体，促进蛋白质的合成，它还能抑制蛋白质的分解。

　　对于胰岛素的受体，有关其结构与功能的研究，已取得一些进展[42]。人胰岛素受体是一种糖蛋白，通常以 α2β2 四聚体形式存在。研究表明，α-亚基含有胰岛素结合部位，是识别亚基。其中，糖链可能是 α-亚基对胰岛素识别的重要部位。β-亚基是对 Tyr 侧链专一的蛋白激酶。胰岛素与 α-亚基结合，激活 β-亚基上的酪氨酸激酶，使受体自身磷酸化。受体本身被磷酸化之后，可以进一步催化其他蛋白质的磷酸化，表现出胰岛素的生理效应。磷酸化的 β-亚基具有蛋白水解酶活性。它可以裂解膜上的糖蛋白，产生一种寡糖肽。该寡糖肽可能变成磷酸肌醇聚糖，后者被认为是胰岛素的第二信使。胰岛素像其他激素、酶等一样，必须形成一定的二级和三级结构才能发挥作用。胰岛素中，其 A、B 两条肽链相互盘曲成特定的球状构象[42]。

　　胰岛素只是作为生物体内数量众多的酶、激素、抗原和抗体的一个样本，说明在不同的生物大分子之间，普遍存在着一种专一性结合现象。这种专一性现象，与一个或简单几个原子或分子的交互作用不同，显然，它们是诸多原子或分子组成的大分子之间的集体交互作用。像胰岛素与受体的作用中，不但二者要有识别作用，还要有催化作用。在有酶、激素、抗原和抗体以及外来信息介入的活动中，分解开来，它们可能包括一个一个的化学作用，但这些化学作用彼此之间是互相联系着的，好像是被固定的"程序"联系在一起，哪个反应在前、哪个反应在后，哪个反应触动哪个反应或哪几个反应都是连锁着的，这不是现今的化学理论能够说明的。

4.3.3 生物只有一个共同祖先吗

有一个从达尔文时代就存在的古生物难题，这个问题至今仍然说不清楚，就是寒武纪生物大爆发问题，即在寒武纪底部（相当于大约 5 亿~5.3 亿年前的沉积），多门类的无脊椎动物化石（节肢动物、软体动物、腕足动物和环节动物等）几乎"同时"地、突然地出现，而在寒武纪底界以下的更老的地层中长期以来却找不到动物化石。尽管自达尔文时代以来对寒武系底界以下的后生动物化石知道得越来越多（包括 20 世纪 80 年代在中国发现的"澄江爆发"）[8]，但这个突变现象依然存在。

寒武纪大爆发与达尔文关于生物是由一个共同祖先进化而来的学说是矛盾的。这个矛盾也是对进化论争议和批判的焦点之一[65~67]。达尔文主张全部生物起源于共同的根源。他说"经类比方法让我更进一步肯定，全部动物与植物都传自某一原始类型""各个界里的全部成员都传自于单独某一个祖先"[68]。在《物种起源》这本书里他还画了进化树，用树来比拟生物的分化过程。而寒武纪大爆发则表明在树的分叉成长过程中出了一段说不清楚的间断。

按照生物编码信息的学说来看，生物本来就不应该只有一个祖先，尽管生命用的是同一套密码，但核酸是由 4 个不同编码的核苷酸排列构成的。使它从一开始就具有本质上的多样性。粗略作一个估算，假设一个链上有 N 个核苷酸位置，每个位置上有 4 种可能性，其总的可能性就有 $4N$ 种，当然这里没有考虑对称、重复等因素。考虑到这些因素，可能数目要减少。这只是数学上的考虑，此外还有分子生物学方面的考虑。例如，配对时相邻分子的影响、折叠时的立体规则等，数目就会更少一些。此外，构成生命的基本单位——细胞所需要的核酸的碱基对数目不能太少。据估计，最简单的单细胞生物也需要 318000~562000 个碱基对[8]，才能产生足够维持其生命的各种蛋白质。还可以设想，并不是任何核苷酸排列都可能成为生命。不过总的来说，从生物编码信息的角度来看，生物从一开头就不应该只有一个祖先，而是应该有若干个祖先。随着链的加长，它们之间的段落共同部分也可能增加，还会出现趋同的趋势，但不致缩减为一个。寒武纪出现的生物虽然离生物刚出现的时期已有相当距离，但无论如何它不与生物多根源出现相矛盾，而单一祖先说则对此说明不了。达尔文的单一祖先说是线性回溯到极端得出的，并未得到科学的证实。生物大爆发也许可以解释生物是由生物信息编码编织起来，而且要有一定的长度才能成为生命。此外，还可以对编码信息中有多大的比例能够真正活起来成为生物作一个粗略的估计。据估计，全球生物数量包括病毒在内[28,69]约为几百万到几千万种。如果包括已消失的品种，大概还是在几千万种之内，也就是说多至 10^7 种左右，而高等生物的核苷酸对数已在 10^9 对以上（如图 4-1 所示），这也在一定程度上表明，由于编码规则的种种限制，并不是任何一种编码都能成为一个生物，就像拼音文字的字典，并不是任何拼码都是字一样。

4.3.4 进化的动力是什么

有人提出，自然选择是生物进化的动力，这话是不确切的。选择是由多中选少，只能越选越少。必须有使生物越来越增多的动力，才能为自然选择提供前提条件。达尔文提出变异是这个条件，但变异是偶然的、无规的、盲目的。从生物编码信息的角度来看，就不能认为变异全是偶然的，变异中有规律的因素在起作用，那就是线性生物大分子的特异性的相互吸引与排斥，使生物体在进化过程中不断增大和多样化，作为生物自组织的动力和自然选择的原材料。生物体的增大和多样化遵循的是生物编码信息交互作用的规律，不过它受生物进化过程中原有进化成果和周围环境的影响，所能发挥作用的条件则是偶然的。作为耗散结构的生物，它要不断吸收外界的"负熵"，以维持生存。周围环境决定了它们能够吸收到的物质、能量以及信息的条件，包括周围同物种生物和异物种生物的物质、能量和信息作用的影响，就像现在每天都在世上发生的一样。生物内部的结构与功能，作为历史的延续，对变异的可能性自然也有影响。生物编码信息能够发生什么样的作用自然与生物既有的结构与功能有关。此外，在生物编码信息作用比较弱的地方，就比较容易产生不同的可能性，导致不同的变异，产生偶然性。不同的变异对生物进化影响的大小也不同，有的变异影响不大，是枝节性的，有的变异则影响全局，会导致类似于所谓大进化的那样的突变，造成生物进化的间断平衡。

生物编码信息引起的变化，是否利于生物在它所处环境的生存和发展，并不一定，这时自然选择起了作用。它淘汰了对生物在该环境条件下的生存和发展不利的增长，只保留了有利的增长和变化，从而使生物得到进化。换句话说，生物因生物编码信息的作用而不断发展和变化，并不一定增加了该物种对环境的适应。例如，根据原核生物在地球各个角落的分布分析，原核生物比真核生物更能适应不利环境。至今原核细胞的个体数量也远比真核生物多，但原核生物比真核生物更为原始[25]。这说明，生物进化的动力中生物编码信息起了重要作用。因为它使生物的进化加速，并通过遗传保留下来。这个作用与表现在现今世界上酶在生物活动中起的作用是一回事，不这样理解，也无从说明酶是怎么进化来的。生物大分子之间由于特异性编码的交互作用，不只是酶，不是酶的大分子也同样彼此间有吸引与排斥作用，只是不如酶的作用强而已。这种交互作用大大加速了生物的进化过程。众多的酶起加速反应的催化作用，也有少数起抑制和阻碍作用。起加速作用的酶加快了生物化学反应，具有自然选择的优势，没有这种交互作用，地球上可能根本上就不会出现生物。像酶这样的蛋白质和 RNA 在进化过程中起了重要作用。由于吸收或排斥了其他的生物大分子，造成了新的动态"平衡"后，这种吸引和排斥的能力被相互抵消，但一般不会完全消失，它的催化能力仍然潜藏在生物体内，这些活性蛋白质在体内成为不具生物活性的前体存在。在生命过程中前体可能通过某种蛋白酶的限制性水解，切去一个或几个肽段之后，再成为具有活性的蛋白质[42]。许多蛋白酶在细胞内合成或初分泌时并没有形成完整的酶活性中心结构，没有催化活性，被称为酶原。必须切去一个或数个肽段，才能成为有活性的酶。

再如真核基因在转录加工过程中前体 mRNA 在酶的作用下切除内含子，也可能与酶和内含子的相互排斥作用有关。这里还需要强调生物与生物之间非直接接触的编码信息交互作用对进化的影响。动物的感觉除了我们熟知的视觉、听觉、触觉、味觉、嗅觉以外，还有痛觉、温度觉、化学觉、肌肉觉、平衡觉等。值得注意的是，除了视觉和听觉外，其他所有感觉都是直接感觉，即感受器和被感受物直接接触才发生感觉。视觉和听觉则是间接感受，它们并不与被感受物直接接触，而是通过光学和空气间接感受被感受物传来的信息。但是大多数动物所接收的信息却主要是通过视觉和听觉这样的间接途径得来的信息。人的视觉给人提供了 90% 以上的信息，说明非直接接触的生物编码信息的重要性。这些间接信息与直接接触的信息不同，它们不疼不痒，同时只能提供个体外部的信息，但作用却很大。生物感觉器官的进化，外界信息可能起了相当的作用。

生物与生物之间的捕食和被捕食，以及追逐和争夺异性，是这种信息交互作用的主要表现。为了尽早发现猎物和捕食者或异性，动物的视觉、听觉器官感知外在的信息（猎物、捕食者或异性），这些间接信息往往比直接信息能更早地提供被关注对象的信息。捕捉信息的功能促使这些组织和器官向头部集中，并使头部进化到躯体的前端（海洋生物由于是在三维空间中运动，头部不一定处于前端），为了使不同的信息得到协调并尽快地传达到有关的反馈和运动部位，脑和神经系统得到发展，有的神经可能被拉得很长。这种交互作用也使物种之间发生了协同进化，即一个物种的某一特性反应于与之有关的另一物种的某一特性的进化而发生的进化，也就是一个物种（或种群）的遗传结构由于回应于另一个物种（或种群）遗传结构的变化而发生的相应改变。这种协同进化不但发生在捕食、被捕食和异性之间，还发生在草食动物与植物间、寄生物与寄主之间。像自然界中80%以上被子植物的传粉是由动物、特别是昆虫来完成的[63]。寄生物会从寄主处得益，但寄主在寄生物的偏害作用中也不断发展对寄生物的抗性。生物个体还会发放各种各样为了吸引异性、引诱食物上钩，或者排斥和迷惑捕食者的"信息素"，这些也和生物与生物之间的相互吸引与排斥有关。这种机制不同于拉马克的用进废退机制，也不同于艾根"超循环论"中的在化学进化和生物进化之间还有一个分子自组织阶段。生物信息编码学说认为生物线性大分子之间由于信息编码之间的相互吸引与排斥，进而成为生物躯体增长和分化的动力之一。它并不管这种增长与分化对该生物在其环境中生存是否有利，有利无利和能否存在下去的问题由自然选择来解决。

这里并不涉及信息交互作用结果的遗传机制。它承认现有的关于遗传机制的学说，只是在变异的机制方面要考虑编码信息在变异中的作用。吸引作用强的大分子交互作用会对相应的基因变异起促进作用，并有利于这种变异的保留和遗传。在生命周期的各个阶段有的蛋白质作为细胞的"结构件"，有的作为"调控件"，有的作为"能源"被消耗。它们按照一定的"程序"运转并对外界的作用作出响应。这一套运作现在被认为都取决于物种基因的组成和运作，它是进化和遗传的产物。本书认为，进化是化学以及生物编码信息的交互作用、自然选择和偶然因素综合作用的结果，是一个"披荆斩棘"和"试错"的过程。这个过程并没有被完全"记录"和遗传下来，遗传下来的只是这些过程中最顺随的并经过多次反复实践的过程。它所以能被记录下来是由于多次和反复的实践。就像开路先锋试探过的蜿蜒曲折的道路与最终完成的宽敞公路一样。精子和卵子所遗传的就是沿宽敞公路进行的程序。它不完全排除也留下了个别的弯路和错路的记录，成为不再起作用的"垃圾"基因。过去曾把不编码蛋白质的基因都看做是"垃圾"，现在不这样看了，但不排斥有少量基因是过去曾经起作用而现在不起作用的"垃圾"。

要补充一点，即近年来出现的表观遗传学可能在遗传机制中起一定作用[73]。表观遗传学的研究表明，除了基因序列改变引起的遗传变化外，还有一类不须遗传序列改变而产生的可遗传基因表达的改变。表观遗传学的机制主要包括 DNA 的甲基化、染色质结构变化等因素的改变，使基因功能发生可遗传的变化并最终导致表型变异的遗传机制。有一种说法认为，基因组携带有两类遗传信息：一类提供生命必需的蛋白质的模板，称为遗传编码信息；另一类提供基因选择性表达（何时、何地、何种方式）的指令，称为表观遗传信息。表观遗传信息对细胞组织特异性分化、发育、疾病发生发挥重要作用。在涉及信息储存和处理信息的脑、表观遗传时也起作用[74]，在神经干细胞或一般祖细胞产生新神经元时，包括 DNA 和组蛋白修饰、非编码 RNA 的调节均可能起作用。显然，表观遗传也会引起生物编码信息的改变。由于表观遗传学的出现，使有的学者提出获得性遗传是存在的[19]。不过作为新出现不久的学说，表观遗传学对进化影响的研究还不多。

上面谈到，生物编码信息与艾根"超循环论"不同，艾根认为，在生物的化学进化与生物进化阶段之间，还有一个分子自组织进化的阶段（见 1.2.5 节），在这个阶段通过超循环过程使有生命的生物从无生命的物质中"突现"出来。而生物编码信息则不同，它在生物的整个进化过程以及现实生命活动中一直在起作用。

4.3.5 更多的生物信息编码需要破译

核酸与蛋白质之间的吸引靠的是核苷酸链与氨基酸链之间的各种形式的相互"契合"，互相排斥则在于二者之间的不"契合"。"契合"与否首先在于二者之间是否符合三联体密码关系。但是三联体发现至今已有半个多世纪，据我所知仍没有得到从化学角度给予的解释。1994 年在我国王文清主编的一书中[59]提出，对遗传密码的量子化学研究仅仅是开始，因为到那时为止只计算了最简单的一种氨基酸，即甘氨酸与不同碱基和双碱基之间的相互作用，与理解密码关系还有一段距离。所以现在三联体关系还只是作为事实放在生物化学教材里，但是并没有化学理论方面的解释。这也是本书提供另一种新解释的根据之一。

找出生物大分子之间契合和不契合、有没有相互作用的规律当然不是一件容易的事情。在本书的学说出现前由于没人提出过生物编码信息相互作用的问题，自然除了三联体密码以外没人研究这个问题，研究三联体密码时也并没有从相互作用的角度来考虑。研究相互作用，首先要把相互作用的两个大分子本身的序列，二维、三维甚至四维结构搞清楚。因为相互作用的发生不只取决于一级序列，还取决于正确的二、三、四级结构。而这方面的研究，也就是对生物大分子本身的研究，还是当前研究的一个重点。尽管没有考虑相互作用问题，但实际上也涉及很多相互作用，它们是研究相互作用的必要前提。

除了三联体密码外，生物体中实际上还存在着大量其他的密码关系，如大量带有不同程度特异性的酶与其底物之间的密码关系等。其中只有少数或少部分可以用现有的化学理论加以说明。人们已经掌握了许多这样的关系，但都是简单的。已经有人提出破译更多的密码。除了前面刘次全提出的蛋白质之间可能存在的密码关系外，还有人提出在三联体翻译过程中，tRNA 分子和氨酰 tRNA 合成酶的作用问题[75]。tRNA 分子的一端为碱基密码子，能与mRNA 分子上的密码子相识别；另一端载有相应的氨基酸。不过氨基酸与tRNA 分子的结合要由氨酰 tRNA 介导催化。tRNA 被氨酰 tRNA 合成酶识别的结构特征，称为辅密码（Paracodon）。并不是所有 tRNA 分子氨基酸特异性都由反密码子决定，例如，亮氨酸有 6 个密码子，这说明这些 tRNA 分子的氨基酸特异性并不是由反密码子决定，而是在 tRNA 分子的其他区域，可能存在决定氨基酸特异性的结构特征。1988 年，Yaming Hou 和 Paul Schimmel 发现 G3U70 碱基对在大肠杆菌 tRNA 识别丙氨酸过程中起了决定作用。C・Duve称其为第二套遗传密码。他定义第二套遗传密码为存在于 tRNA 分子中及氨酰 tRNA 合成酶结构中，决定某种 tRNA 分子氨基酸特异性的结构特征，并认为这种密码是非简并的，可能比经典的遗传密码更古老，更具决定作用。

还有人提出新生肽链和蛋白质折叠过程中是否也存在密码[76]。虽然 Anfinsen 提出蛋白质的构象是由其一级结构确定的，但实际过程并没有那样简单，因此在多肽链中氨基酸序列在决定蛋白质的空间结构时是否还存在另一套折叠密码呢？王文清推测，与蛋白质一样，糖类可能也有自己的遗传密码[77]。像 RNA 与 DNA 的差别就在核糖与脱氧核糖上，在遗传上起着关键作用。与蛋白质一样，糖类也可能有自己的遗传密码。也许在生命的初期，先有糖类遗传，然后才有蛋白质遗传。

总之，人们开始在生物的不同方面寻找密码，但这只是开始。除了三联体密码外，其他发现的关系都只是零星的，多涉及少量原子之间的作用。但像 DNA 的双链中 G 与 C 配对、A 与 T 配对，G-C 的结合比 A-T 更为稳定等这样的少量原子之间的作用可以用化学作用解释，但到了像短肽这样尺度分子的作用就需要找出它们间的密码关系了。目前，研究的重点在于找出基因与其可能衍生的不同蛋白质的密码关系。至于蛋白质本身则首先在于找出不同蛋白质的氨基酸序列。

20 世纪 80 年代中期出现了生物科学的一个亚学科，即生物信息学[78]（Bioinformatics）。它是基因组计划和互联网推动的产物。它以核酸、蛋白质等生物大分子数据为主要对象，对大量原始数据进行存储、管理、注释、加工，使之成为具有明确生物意义的生物信息，并通过对生物信息的查询、搜索、比较、分析，从中获得基因编码、基因调控、核酸及蛋白质结构功能及其相互关系等信息。不过开始研究的主要还是蛋白质功能及其进化关系。常用方法有两种，一种以序列为基础，以序列分析的手段以及所得结果推断生物大分子的功能；另一种方法则以结构为基础，其基本思路基于蛋白质分子的结构功能关系，通过序列比较，确定新测定序列与数据库中已知结构与功能的序列间的相似性关系，从而以足够的可信度确定新序列的结构和功能信息。其最常用的方法为模式识别和结构预测。

随着数据的大量积累，研究重点逐步转移到如何解释这些数据上。传统的计算机算法显得不足。这一方面是由于进化不断修补基因，导致生物系统内在的复杂性；另一方面则是由于缺乏一套在分子水平上理解生命组织的完整理论，需要发展出一套机器学习方法（例如，神经网络、隐马氏模型等)[79]，基本思想是通过推理、模型匹配或样本学习，从数据中自动学习理论，用以开展序列分类、弱相似性探测、区分序列中的编码区和非编码区、分子结构预测、转录后修饰和功能的预测，以及重构进化史等。

另一个不久前出现的有关学说是信息动力学（Information Dynamics，ID）[79]，它的研究方法是从"果"出发来研究"因"，也就是从观察结果来分析观察对象的内在规律。这个学说与生物信息学和系统生物学有密切关联和共同的部分。作为开始，它主要研究蛋白质，包括蛋白质的一级结构、空间结构和蛋白质组的结构。信息动力学认为，不同的生物分子单元（如氨基酸、核苷酸）在生命的组合过程中，可以通过信息与统计分析来确定它们之间的组合特征。信息动力学已发现，这些生物分子单元在组合时具有排斥性、吸引性或独立性等一系列性质，对这些性质形成的原因并不是很清楚，但是可以从信息统计的方法观察到。信息动力学的基本研究方法是信息统计法、组合分析法、几何计算和其他数学理论与方法。信息统计法是综合利用数据库的统计与信息计算结果，对该数据库中的不同字母向量（又称字符串）作特征分析。组合分析法是利用组合与图论的工具对生物信息库的结构作研究分析，组合分析理论与图论是网络结构分析与密码学中的重要理论与工具。把蛋白质一级结构数据库看作一个带有句号的以氨基酸为基本单位的数据库，利用这些理论与方法作语义分析。信息统计法利用各种不同类型的信息动力函数（Information Dynamic Function）对一级数据库作结构分析。所谓语义分析就是指辞、辞法、句与句法的结构分析。把一个蛋白质作为一个句子，辞则是在数据库中具有特殊结构与具体内容含义的字符串。而具有特殊结构的字符串集合就成为词库。把词库中的辞给以内容含义的注释，则该词库就是词典。至于蛋白质的空间结构则包括两部分，一是以蛋白质主链为基础的三维结构，一是蛋白质的空间形态结构，即蛋白质中各原子与分子在空间的分布结构特征。对此还需要运用一系列的几何理论与方法，构建各种不同类型的几何模型，确定这些几何结构的主要参数及它们的变化情况，以确定它们的空间结构与形态。总之，信息动力学把不同类型的生物数据库看做是生命语言的文库，把解读这些语言作为自己的根本问题。

像上述的生物信息学方法和信息动力学方法对弄清主要生物大分子的结构，弄懂这些结构体现出的"语言"方面，都是很有价值的。但是它们目前主要是以大分子和大分子串的个体作为主要研究对象，还不涉及大分子与大分子之间的"契合"和"响应"的问题。由于生物信息编码学说的出现，给生物信息学开拓出一个新的方面，即解决生物大分子彼此之间的相互作用的规律问题。这方面的研究自然要以现在进行的对个体的研究为基础，可以考虑从易到难，例如，从多肽开始，从蛋白质的分子识别开始，从分子自我装配的能力开始等。

4.4　记忆

　　记忆是信息对生物的整个生长过程和遗传作用的最重要和最明显的表现，也是生物学习的基础。生物终其一生不断接受外界信息并选择性地形成记忆，而积累的记忆又进一步地影响新记忆的形成和生物的活动。在这个过程中，生物信息编码起了重要作用。从这个角度看，信息不断地改变着生物，不但终生如此，而且有些改变还会遗传给后代。关于信息的作用能否遗传，在学术上是有争论的，但近年来的一些研究表明，这个可能性是存在的。本书认为，如果信息的影响不能遗传，则生物与生俱来的种种本能就不能得到说明。由于不用信息来说明本能，所以本能问题至今还未能说明。

　　先看信息对生物神经的生成和发育的影响。将一组小鼠在 25 天断奶后随机分为三组[80]，在不同环境中饲养。一种环境为标准生活群，即在一般的实验室笼内，放 3 只鼠；另一种是有丰富的生活条件，笼子较大，放 10~12 只鼠，放有各种刺激物，并且每天更换一些，这样就给这群鼠获得较多经验的机会；第三种环境是笼内什么东西也没有，只有 1 只鼠，属于贫困化的生活条件。在 3 种不同条件下生活 80 天后进行脑组织检查。发现在丰富条件下生活的鼠的大脑皮质中的乙酰胆碱脂酶（AchE）含量高于生活在贫乏条件生活的鼠；同时，鼠的大脑皮质也比贫困条件下的鼠重。但加重的不是全部皮质，增加最多的是枕叶皮质，而在比邻的躯体感觉皮质增加最少。皮质的增加与该区厚度增加有关，丰富环境下的鼠比其他两种的厚度都厚。在显微镜下观察，丰富鼠的枕叶皮质中锥体细胞中的树突刺明显地多于贫乏鼠的。大脑皮质的锥体细胞中丰富鼠的树突分支也多于贫乏鼠，而标准鼠的树突分支居中。大脑皮质的加厚和增重主要是由于树突分支数目的增加。这个实验表明，外界信息的差别是三组鼠大脑皮质不同的原因。

　　所有的哺乳动物在出生前一些神经元的树突棘已经发育，但大部分神经元的树突、树突棘和突触要在后天刺激的情况下才会建立和发展[81]。小鼠、大鼠和猫在出生后打开眼睑前，视皮层锥体细胞的树突棘只有少量的发育，在开眼后 10~19 天树突棘得到大量的增加，表明外界信息对神经系统发育的作用。人类大脑的形态构造和化学构成是先天基因和后天经验共同塑造的。婴儿一出生，就有 1000 亿个神经元和 50 兆个突触，而出生第一个月，突触的数量就可以增加 20 倍，天生的基因数量不足以表明高达成千上万兆的突触联系。婴儿在半岁与一岁期间，额叶前部皮层（负责思考和逻辑的脑区）开始活动，此时突触形成的速度极高，此速度可以延续到上小学期间。研究表明，这一阶段孩子接触信息的丰富程度对塑造脑的发育程度影响极大，也说明非物质的信息对脑组织的影响。

人的大脑皮质厚度和重量均很大，其主要原因就是树突的分支数目大。因为皮质锥体细胞的树突占整个细胞体积的 95%。Kandel 认为，他自己对海兔的研究以及他人对一些脊椎动物和非脊椎动物的研究都表明，长时记忆需要合成新的蛋白质[119]。

上述研究都表明，大脑皮层是长时记忆的储存处。显然，不同的记忆内容应该记忆在不同的蛋白质组成里面，但现在的研究工作还没有深入到这个层次。

信息对脑组织的影响显然与记忆有关。对信息的记忆可分为三个阶段，即感觉记忆、短时记忆和长时记忆。感觉记忆是记忆的开始阶段。信息的储存时间只有 0.25~4s，接着进入短时记忆，记忆保持时间大约为 5s 到 1min。长时记忆则是信息经过充分和有一定深度的加工后，在脑中长期保存下来，从 1min 以上到许多年，甚至终身[82]。

记忆和学习的机制可分成三个档次：神经元机制——主要是神经冲动的反复通过，建立起神经网络和突触数量与性能的增加；神经递质机制——突触性能的增加包括神经递质和 Ca 离子活动的增加；分子机制——长期记忆的形成涉及脑内 RNA 和新蛋白质的合成，后者是在基因调制下进行的[81]。外界环境的信息是复杂的、综合的，而感觉器官接收的信息类型是单一的、分析的。即使是能接收大量复杂信息的视觉和听觉器官，视觉器官只接收光学方面的信息，听觉器官只接收声学方面的信息，所有的信息还要作进一步的加工。拿视觉信息来说，信息沿着视神经传至大脑，由三级神经元实现。第一级为视网膜双极细胞；第二级为视神经节细胞，由视神经节发出的神经纤维，在视交叉处实现交叉，鼻侧束交叉至对侧，和对侧的颞侧束合并，传至丘脑的外侧膝状体；第三级神经元的纤维从外侧膝状体发出，终止于大脑枕叶的纹状区（布鲁德曼 17 区），这是对视觉信号初步分析的区域，与它邻近的另一些脑区负责进一步加工视觉的信号，产生更复杂、更精细的视觉[82]，从介质的性质来看，它是光学的，但由于携带了不同的信息，就像电视屏幕上的不同位点处出现不同的颜色一样，它在脑中的光学记忆储存处得到不同的响应，这是光学记忆得以储存的基础。

生物的感官不止一种，由不同的感官得到的信息还要进一步综合加工，成为知觉。通过综合与解释产生对事物整体的认识，并了解它的意义。知觉过程的生理机制为神经系统在不同水平和不同层次上对刺激性质的整合，以完成"特征捆绑"的过程。知觉系统不仅加工由外部输入的信息，也加工在头脑中已经存储的信息，在知觉过程中，个体以往经验的参与必不可少，也就是说，个体内积累的信息，即记忆在知觉的形成过程中起着重要作用。"特征捆绑"意味着不同器官的信息通过"捆绑"建立起了联系。

外界刺激的输入首先被变成感觉信息。这些感觉信息经过组织获得一定的意义，成为被识别的某种模式。只有能够引起个体注意并被及时识别的信息，才有机会进入短时记忆。没有受到注意的信息很快就会消失掉。对短时记忆来说，复述是储存信息的有效方法，对信息的加工和"组块"也有利于短时信息的储存。20 世纪 70～80 年代提出的工作记忆扩展了短时记忆的概念，是指在信息加工过程中对信息暂时存储和加工的、容量有限的记忆系统。

长时记忆在实质上是信息对记忆器官的塑造，信息通过不同的感觉器官进入不同的神经系统，也就是说外界的复杂信息首先通过感觉器官被分解成光学信息、听觉信息等。这些信息对通过的神经系统进行了改造，包括使神经的轴突和树突的数量增加、突触连接强度增加，皮层的重量也相应增加，使神经递质活性水平增高，产生新的 RNA 和蛋白质等，表明包括非实体的信息场（携带信息的光场和声场等）均可引起神经系统实体的变化，并相应地改变神经系统的信息功能，使原来无关的信息联系了起来，包括中枢神经系统的建立、宏观的条件反射、反复经验对记忆的增强以及回忆过程等显然都与这些微观变化有关。

由信息催生的蛋白质是保持长时记忆的物质基础，显然蛋白质的组成会因记忆信息的不同而不同。用光照射涡虫，同时给以电刺激，时间久了，涡虫学会了一见光就避开的条件反射。将涡虫磨成浆喂给无此经验的涡虫吃，可以加快吃过浆的涡虫的条件反射，也表明记忆可以转变为物质，而且可以转移。训练蜜蜂找糖水，也可产生类似效应。因此认为，记忆分子应该是蛋白质类物质或参与合成的 DNA 和 RNA 分子[81]。对于低等动物而言，学习和记忆活动使神经递质释放增加，通过激活第二信使使细胞膜内蛋白质磷酸化，促使信使 RNA 的合成，增加蛋白质的合成。

简单的单细胞生物就具有初级的记忆功能，但记忆的信息很简单，并很快就被遗忘。随着动物的进化，神经系统越来越发达，并形成了神经网络，它靠上述机制把记忆储存在神经网络里。虽然不同类型的信息被分布储存在不同的脑区里，但又是互相联系着的，所以记忆是在整个网络的参与下完成的。网络的整体性模式使组成网络的各个部分可以互相影响，具有可塑性，并使网络成为比较稳定的结构。

就人类的记忆来说，脑的颞叶中部及其皮层下结构——海马和杏仁核在长期记忆中起了重要作用。海马负责把短期记忆转为长时记忆，它能把新学习的信息进行持续数周的加工，然后将信息传输到大脑皮层中的相应部位，作更长时期的储存。杏仁核则对那些与情绪有强烈关联信息的记忆起重要作用。此外，前额叶在情景记忆、工作记忆、空间记忆、时间顺序记忆以及记忆的编码、储存和提取都有重要作用[82]。这些讲的是作为整体的信息的转移和分布，但没有涉及不同记忆蛋白质的分布，显然，不同的记忆内容涉及的蛋白质组成是不同的，这涉及了蛋白质的"语义"问题。例如，1968 年美国 Unger 训练喜欢黑暗的老鼠变为逃离黑暗[81]，得到一种 14 个氨基酸的记忆蛋白，被称作"恐暗素"，把它注射到其他动物脑内，可使它们在逃离黑暗的训练中学得更快。这种记忆分子中含有 ACTH（促肾上腺皮质激素）和类似肽。ACTH 可以影响学习和记忆，但不是特异性的记忆分子。Unger 的实验结果没有得到公认，但却是从分子角度研究记忆的一个例子。研究记忆蛋白质分子与记忆内容的关系，显然是进一步研究的方向。

在记忆过程中"注意"起了重要作用，例如在一个事故现场，人们对事故本身给予最大程度的注意，而对事故周围与事故无关的环境、人物则不大注意。因而对周围的事物记忆不深、比较模糊、易于遗忘。而在回忆该事故时所能回忆的东西，由于经过"注意"的加工，所得的图像与真实事故现场的图像并不完全相同，不同的事物能够回忆出的"权重"不同。这个问题在后面讨论作为生物个体的"我"时还要涉及。此外，分别储存在神经系统不同部位的信息在回忆时又可以重新整合在一起，成为一个完整的却不清晰的情景在脑海中呈现，说明每时每刻接收到的信息都被打上了时间的标记。因而回忆时可以被重新整合在一起。此外，在不同时刻会接收到同样信息和有关联信息，原来储存的信息会与新来的同类信息发生响应，是我们辨别熟人的形象和声音的基础。正是由于历史的积淀，对同一信息不同的人可以作出不同甚至截然相反的反应。这些重叠的信息在记忆中是如何被加工处理的，有些问题现在还不清楚。

记忆能否遗传？在我看来是肯定的，否则生物的许多本能就无法得到解释。生物的本能是与生俱来的，不需要后天的学习。例如，蜘蛛生下来就会织网，蜜蜂生下来就会建几何形状规则的蜂巢，昆虫生下来就会捕食。它们的相应器官和功能都是进化的产物，自然也是遗传的产物。正像 2014 年诺贝尔文学奖获得者、法国作家莫迪亚诺说的"我的记忆在我出生之前就存在了"。在这里我们并不讨论遗传的机制，说的只是事实。但在可能的遗传机制里看来不能无视表观遗传的作用[19,83]。表观遗传主要的机制包括 DNA 的甲基化和组蛋白的乙酰化修饰。前者抑制基因的转录活动，后者则是通过调控脑海马的组蛋白去乙酰化酶（HDACs）的活性从而影响突触的可塑性。

记忆过程突出显示：（1）脑细胞是身体内对信息极其敏感的细胞集合；（2）信息对细胞的反复作用对形成记忆起重要作用，就像反复捶打才能在固体身上留下永久性的印迹一样；（3）被信息作用塑造后的神经细胞与邻近的被后继信息作用的神经细胞可能建立起新的信息上的联系，形成了信息链或信息集，并且能够引起联想。这种联想的物理基础是轴突和树突的长大、数量的增加以及突触的增强，而从信息的角度来看，则是新信息的加入、信息被储存以及信息之间新联系的建立和增强，这是学习的重要基础。

4.5 情绪

所谓情绪，是一种不同于感觉和知觉的心理活动，是个体的主观体验。只有进化到一定水平的动物才会出现有与情绪有关的情感表达。灵长类比其他哺乳动物有更多的情绪表达。作为心理活动，情绪的表现各式各样，没有严格和一致的分类。拿人来说，包括狂喜、快乐、恐惧、愤怒、厌恶、忧伤等。情绪是我们谈到的间接信息作用的一个例子，往往是发生在我们直接感觉上并没有受到任何作用的时候。就像亲人和仇人看到当事人碰到车祸，亲人和仇人本身并没有碰到，但是情绪会产生不同的重大变化一样。当然，直接的感觉变化也可能引起情绪变化，但经常是间接信息作用引起情绪改变，特别是间接的生物信息作用引起的改变。换句话说，它往往与感觉的特性无关，而与感觉携带的信息特性有关。上述例子说明眼睛接受了不同的信息，就可以引发不同的情绪，但是情绪的类别还与接受主体的个性和经历有关，也就是说，与个体的记忆包括遗传带来的"记忆"有关，所以同样的信息在不同的个体身上可以引发不同的情绪。

情绪的表达与调节和人脑的"边缘系统"有关[81]。边缘系统是由早期提出的边缘叶概念扩展而成，边缘叶是由扣带回、胼胝体回、海马回和海马组织等包围在脑干周围的皮质部分构成。这部分皮质在进化上比较早，表明情绪可能在生物早期就已出现。它们围绕脑干形成两个圈。内圈主要由海马及其传出传入纤维（穹隆和灰被）构成，被称为古皮层；外圈主要由扣带回、海马回等构成，被称为旧皮层。边缘系统包括的东西则更多，它被定义为在脊椎动物中那些由前脑古皮层和旧皮层演化来的结构，包括梨状皮层、内嗅区、眶回、扣带回、胼胝体下回、海马回、杏仁核团、隔区、视前区、下丘脑、海马组织等。与记忆和学习等脑的高级功能相比，边缘系统对情绪表达的调节被看作是低级功能。但从进化角度看，这种功能对物种的生存活动起着重要作用。

Cannon-Bard 的假说认为，外部刺激引起的神经冲动首先将信息带到丘脑，然后一分为二，一半去大脑皮层，在此产生诸如愉快、恐惧等主观体验；另一半达下丘脑，在此处调控机体的生理变化，因此情感和生理变化是同时产生的。Papez 认为，感觉刺激通过丘脑传递到大脑皮层后，再通过所谓的"Papez 环"的作用感染上情感的色彩。Papez 环是一个位于边缘系统内部的通路，是情绪的表达和调节的神经基础。Papez 回路从下丘脑的乳头体开始，传出信息达中脑和丘脑前核，经后者至扣带回皮层，再到海马，经扣带回和海马整合后信息再输送回乳头体，完成回路。此回路已经试验证实。经此回路，可使皮层下的下丘脑传出的生理内容与边缘的主观经验相结合。其中扣带回对情感表型有直接的影响，其他皮质的作用是间接的。实际上，情感的产生和表达必须有生理上的改变和认知水平上的评价，二者缺一都不能产生真正的情感行为。除 Papez 环外，杏仁核团紧邻海马组织，在情感的产生和表达中也非常重要。对动物来讲，海马是情景记忆库，杏仁核团则决定动物的应激行为——战斗还是逃避。脑内有记忆恐惧的神经网络或脑区，杏仁核团可能是其中之一。杏仁核团可以学习、记忆和参与与疼痛相关的刺激反应，是诱发恐怖感条件反射通路的关键环节。在动物脑内建立恐怖的条件反射可以不通过大脑皮层，只需要丘脑和杏仁核团就可以。只是在复杂刺激时大脑皮层才起着解析的作用。从大脑皮层到杏仁核团的投射，在处理复杂刺激的情感意义时是重要的。感觉刺激经过丘脑，再达大脑皮层形成感觉和意识，这些感觉再达脑中情绪中枢杏仁核团等产生情绪，杏仁核团的神经冲动通过丘脑的背内侧核投射到整个额叶，最后由前额叶整合决定情绪的表达。情绪可以独立于理智之外，正如恐惧可以不经过大脑皮层一样。所以，处理情感和学习需要两条路径——一条通过大脑皮层，一条由皮层下核团完成。在紧急情况下，由于丘脑在激活大脑皮层的同时也激活了杏仁核团，在我们还没有意识到什么、大脑皮层尚未作出决定时，杏仁核团就已经发号施令。当然，这种缺乏思考的决定可能是错误的，但在一些生死关头为争取时间又是生存必需的。

情感的产生和表达最为活跃的脑区是额叶的前部。额叶前部的作用在于调控和监视边缘系统的作用过程。低位的脑干是机体最基本的生存行为的基础，高位的边缘系统和与之密切联系的皮层则是情感中枢。此外，情绪与脑内化学活性物质的水平和活动也有密切关联。这些化学活性物质包括神经递质、神经调质和激素等。尽管直到现在，对情绪的机制还解释不清楚，但大脑皮层对情绪的参与不可缺少，则是肯定的事实。拿一个人出了车祸这样同一个事实，他的亲人会悲痛欲绝，他的仇人会欢欣鼓舞，二者情绪完全相反。说明记载在个体历史（包括先天即祖先的历史）中的信息对情绪的作用，而这些历史则是被记载在大脑皮层中。在各种情绪中，恐惧可能是一个特殊情况，因为突然遇到关乎生死存亡的境遇需要杏仁核团马上发号施令，此时信息还来不及经过大脑皮层的过滤，就要作出战斗还是逃避的决定，所以恐怖情绪有时是一个事后的情绪，其他情绪则是与生理反应同时发生的。

在我看来，情绪从进化角度来看也与捕食与被捕食和争夺异性相关。当然今天人的许多情绪已发展到距此很远，但对于其他动物来说，捕食与被捕食和争夺异性依然是产生情绪的基本活动（其实，这也依然是人产生各种情绪活动的基本背景）。在捕食与被捕的活动和争夺异性的活动中，情况是很复杂的。例如捕食活动，不一定那样顺遂，有时被捕物逃脱了；有时被捕物被抓到后又逃脱了；有时会被反咬一口；有时会有第三者出来抢夺食物等，不一而足。逃脱被捕和争夺异性也会有各种复杂情况，总之，被生物信息编码所吸引或排斥的作用结果并不一定很顺利。这种活动产生的信息积累会造成可归为积极或消极的两种反馈。积极的反馈可以推动活动的继续进行，消极的反馈则对活动起抑制作用，这对进一步采取战斗或逃避行动有直接影响。由于活动情况的不同这种反馈会有不同的特点，反馈作用的强度也会有所区别。积极的反馈可能通过进化分化为高兴、愤怒等情绪，消极的反馈可能分化为哀伤、厌恶等情绪。除了捕食和争夺异性外，亲情等因素对情绪也有一定影响。有关的活动经过长期重复，与事件一起被储存在长期记忆甚至在先天记忆里。当前发生的事件会与长期和先天记忆的信息作比较、被评估，产生情绪。换句话说，事件与相应的感情色彩是作为信息被一起储存在脑里的，并在回忆时一起起作用。

情绪还与脑内的化学活性物质的种类、水平和活动有关，这些物质包括神经递质、神经调质和激素等。例如，多巴胺是产生快乐的物质；内啡肽令人产生快感，它促进多巴胺的分泌和作用；去甲肾上腺素参与应激而被称为"愤怒荷尔蒙"；肾上腺素则被称为"恐惧荷尔蒙"；促甲状腺激素则有振奋精神、提高血压、心搏的作用，被称为"积极荷尔蒙"[81]。这些活性物质，除其他因素外，信息无疑是一个重要影响因素，它反过来又影响情绪。这些有形的活性物质与无形的信息的相互关系也是需要研究的一个重要方面。

4.6 作为个体标志的"我"是怎么回事

生物不论大小，都是作为一个整体来活动。尽管除了人和接近人的高等动物以外，其他生物并不一定意识到自我，但它们也仍然以一个自我的身份存在着、生活着，主要的表现为它们的活动是有统一指挥的，作为个体的各个部分都在协调一致地服从一个共同的目标在活动，这个目标就是维持个体的生存和繁衍。从生物个体自身的角度来表征这个个体的就是"我"，但是从信息的角度来说，人们只能把生物个体描写为"它"，就是说，只能从其他生物的角度来描写它。我们从一个人脸上的表情看到他在笑，我们推测他内心很愉快。但这只是个推论，推论的根据是我自己内心很愉快时就会笑，至于笑的本人的真实感觉如何别人是不知道的。中国有句话说"如人饮水、冷暖自知"，就是这个意思。电视上主持人介绍菜肴的能力是很有限的，她只能用诸如软、甜、糯、脆等常用的词汇来形容菜肴，至于味道到底如何观众无论如何也体会不了。换句话说，"我"的有些体会是外界没法感受的，到底如何只有"我"知道。科学只能从他人的角度来认识"我"，科学只能间接地了解"我"的自我感受，因此有时无法了解真正的自我感受。这是从自我角度来认识自己和从他人角度来认识自己的一个重要区别。这也是信息"为它"的特性造成的。

使用非常薄的电极测量猴子大脑中运动前皮质区域单个神经元，当猴子抓住一颗花生时，某些神经很活跃；并意外地发现，只是看到两个猴子传递花生时另一只猴子的脑神经元也发生了相同的反应，即对执行特定操作（如抓物）起反应的神经元会对看到的特定行动产生反应[57,64,122]。也就是说猴子的大脑可以将实验者的动作转变成猴子将用来执行同样动作的引擎程序。这些神经元被称作镜像神经元。而人类也有这样的神经系统，存在于脑子的布罗卡区。镜像神经元在促进人们的互相理解、互相模拟、发展语言能力可能发挥了重要作用。这表明了信息的作用，但是仍然代替不了主观感受。

那么，"我"的主观感受是什么，其实就是"我"的各种感觉器官传来的信息的综合。"我"由于脚伤而感到痛，但是如果"我"切断了联系该处的神经，"我"就感觉不到痛，所以痛的感觉实际上是神经传给"我"的信息，而主观感受就是这种信息的综合。但是另一方面，"我"虽然统领全身，但是"我"身上的许多活动"我"其实是不知道的。"我"的体内每时每刻都进行着大量的生物化学活动，新陈代谢；"我"的免疫系统每时每刻都在与外界侵入的微生物作战；"我"的自主神经系统在"我"意识不到的情况下调控着"我"内脏和腺体的活动等。不只是人，许多动物也是如此。只是到了现代，人们有了生理学的知识，才知道这些活动。包括古人在内的动物只有感觉，它只能跟着感觉走，而不知其所以然，同时也想不到要了解其所以然。所以，古代西方唯心主义有一种看法，认为存在就是被感知。从个体角度来看，存在就是被感知这个话不错，因为除了感知外，动物个体并不知道别的。当然唯心主义者的哲学结论在我看来是不正确的。但存在就是动物个体对自己和对周围世界的感知和回馈则是对事实的描述。2011年，我国出版了一本从荷兰语翻译的讲脑的书，书名就叫《我即我脑》[84]，也是这个意思。

"我"是统帅一切的。"我"寄居于脑内，但并不是脑，而是看不见摸不着的脑的衍生物。但它不是物质的"物"，而是区别于物的"精神"。可是这个"精神"作用很大，它指挥、管理着作为物质的整个肉体，成为寓于个体中而又主宰个体的非物质存在。作为生物的物质是有新陈代谢的，包括新生的细胞取代老化的细胞。粗略估算，人的机体每小时就约有 10 亿个新生细胞取代老化的细胞[39]。从婴儿到成年，我们不同组织的细胞按不同的速率已换过若干遍，但它们却都被"我"代表着。从婴儿到成人，它们也为同一个"我"所代表。其实，随着年龄的增长，"我"在不断变化着，"我"的肉体在增长，"我"的脑也在增长，特别是脑中的信息也在增长并不断地在塑造脑。在动物的一生中，一方面，基本不变的是它的 DNA，相应的是它的本能，也就是它储存的由先辈带来的能动的信息；另一方面则是它在一生中存储的外来信息不断增长，尽管有这些变化，从个体的主观来看，"我"仍然是"我"。因为"我"的感知能力没有变（除了衰老），世界仍然像以往一样存在和变化。积存在"我"脑中的信息已经变成"我"的一部分，参与脑中的活动，包括接收、审查外来的新信息并把它与原有信息混合、加工并作出反馈。但"我"不只是被动的外来信息的接收器和反馈器，由于"我"受到与我有捕食和被捕关系以及配偶关系的其他生物的吸引或排斥，在"我"这一方面会表现为"我"会主动出击或逃避，还会主动寻找可能的配偶。为了达到目的、作为动物的"我"进化出了诸如审视地形、查找风向、隐蔽自己、快速运动等能力。发展到人，吸引和排斥"我"的许多东西看来与猎物没有关系，但实际上寻找争夺食物和配偶仍然是明显的或隐蔽的活动背景，当然随着文明的进步人类还会追求其他目的。所以在互相联系互相作用的世界上，本书赞同《我即我脑》[84]作者的看法，即没有什么"自由意志"。自由意志只是一个"愉快的错觉"。当然，不是一点自由没有，"我"现在想起身去喝杯茶，"我"走在半路上想走得快一点，身体马上就随着"我"的愿望而动，这是"我"的自由。"我"想写这本书或不写这本书，也是"我"的自由。但这都是进化所派生的，枝节性的活动，因为没有这种灵活性生物就不能适应环境，但是主导的活动则无不是为求生、求物种延续所驱使。只是进化到人类，一部分人在一定条件下由于可以摆脱求生的羁绊，自由可以多些。

由于主观感觉在肉体内是找不到的，于是人们把主观感觉这一部分概括为精神，与肉体相对立。宗教更进一步把它形象化，称为灵魂。认为人要活，肉体和灵魂二者缺一不可，并设想二者是可以分开的，人死是因为灵魂脱离了肉体。立足于解剖学的西方科学对肉体研究得极细，但对于精神的本质却拿不出大家能接受的说法。其实，精神就是基于生物肉体活动而衍生的生物编码信息的活动。一方面，生物的肉体活动是基础，这个基础包括物质和能量，没有肉体的活动，信息就会湮灭，但另一方面，精神又是肉体活动的组织者、指挥者、协调者，它的具体机制主要就是生物编码信息的交互作用。靠生物编码信息生物不断地在与外界作用中通过新陈代谢成长为一个复杂的有机整体，并实现围绕动态平衡的存在。在生物的一生中它与外界（包括自己的身体）不断地发生信息间的交互作用，同时也发生物质和能量的交换和交互作用（很重要的是化学作用），但后者是在前者的指挥、推动、调控下进行的。那么，"我"在以生物编码信息系统作用为主的生命活动中是怎么回事？一方面，它必须是具有神经系统的动物，高度灵敏的感觉器官是自觉有"我"的基础，在此基础上从不同感觉器官获得的生物编码信息和非生物编码信息通过神经系统的综合和加工，这些信息一方面通过对神经系统的塑造作为记忆储存在脑里；另一方面则对外来信息作出反馈。但动物不只是单纯对外界信息作反馈的系统，它也作为信息源，"主动"地作用于外界，特别是对食物和异性。而没有神经系统的其他生物，包括植物，则还没有进化出主观的"我"。换句话说，只有具有神经系统的生物，才有主观的"我"。在这里需要指出，对动物来说，它的感觉器官并没有感觉到所有的生物编码信息。对于植物来说，生物编码信息也在起作用，只是由于它没有感觉器官，所以它感觉不到而已。

"我"的"信息库"对决定"我"是什么十分重要。"信息库"主要是大脑皮层等组织和器官。"信息库"里包括先辈遗传给"我"的信息以及"我"自己在生活中积累下来的信息。生物编码信息有个十分重要的特性，即时间可以成为把两个不相干的事物的信息联系起来的媒介。像巴甫洛夫对狗的食物和唤狗吃饭的铃声关系的经典条件反射实验，只要把铃声与送食的时间挨得很近，并且多次重复，就能使狗把铃声与食物建立起联系，这是动物学习的一个重要方法。其实也是人类学习的一个基本方法。因为如果"我"虽然积累了信息，但如果这些信息都是孤立的，彼此没有联系，则"我"学习不到什么东西。实际情况是，动物经过反复实践，从试错中找到了事物间合理的联系，也就是找到了事物间合乎逻辑的关系，以后就按这一合理的路径实践，经过多次重复形成长期记忆，储存在"信息库"里。这种关系，只有动物在接收信息时形成合理的符合实际的联系时才能形成。也就是说，对信息的储存必须是有规则、有层次的，不同的信息被大脑不同区域的信息所吸引、所储存，同时，又是被发生信息的时间联系在一起的。这样，在搜索和提取信息时才能大体恢复原来的信息场景（当然，由于积累信息时突触的习惯化、敏感化和长时增强反应以及信息的重叠会引起一些混乱、模糊和纠缠）。动物在生活中不断积累新的信息，新的信息又与库存信息发生联系，使这个信息网络不断扩大和深化，这也是动物知识面扩大和智力提高的过程。尽管这个库存不断变化，但是它是在已有基础上发展的，因而它容易让人产生有一个不变的"我"的印象。

人和一些动物都有无意识、有意识和"注意"三种不同的意识状态——代表"我"的意识注意程度不同的三种状态。这三种状态是连续过渡的。无意识又称潜意识，是指个体不曾觉察到的心理活动，例如，个体忽然挠挠头，他自己根本就没有注意到这一动作。另外，像起床穿衣等的日常过程，一般是个体没有觉察到的习惯性"自动"活动；更复杂的，像一边骑自行车，一边与人谈话，这时你根本没有意识到你在不断平衡自行车的活动。无意识的活动说明主观的"我"没有参与。睡眠中的"我"更是基本停摆了。而有意识的活动则是有"我"参与的，等到有意识的活动发展到"注意"的程度时则说明"我"高度参与了。本书认为注意的根本源头还是在捕食、防被捕和追求异性。注意有两种：一种是外物的活动引起"我"的注意，这是被动的；另一种是"我"主动注意，去追求外物，这是主动的，却主要都是"我"和外物的生物编码信息相互吸引和排斥的结果。外界的信息通过感觉器官涌入脑中枢，能够对"我"起强烈作用的信息自然会吸引"我"的注意。而"我"要捕食、防被捕、和追求异性，当然要注意"我"的对象。而发展到人类社会，许多注意的对象就不像其他生物那样直接——只是食物和配偶，而是还会有许多其他的东西。

没事的时候脑子经常会冒出乱七八糟混乱无章的念头，这时没有"我"来参与调控、选择，说明脑中的信息也就是作为它们基础的大分子链一直在振荡，只是平时被控制在一般不被激活的状态，但是不排除个别信息会杂乱无规地冒出来。到了睡觉的时刻，人的睡眠中有一段称为眼动睡眠（REM，Rapid Eye Movement Sleep）的阶段，这个阶段出现快速眼动。REM 睡眠广泛存在于哺乳动物和鸟类中[85]。REM 阶段不但做梦，而且是巩固和整理记忆的阶段。这时人在梦中，"我"不在控制，但是存储在脑中的信息会跳出来兴风作浪，组织起乱七八糟的梦境。

换句话说，"我"有的时候并不在，就是在的时候也不是有一个小人在脑中作总指挥，而是首先由于"我"的肉体作为一个无意识的整体存在并活动着，作为"我"存在的基础。它的存在还包括有"我"从父母继承下来的生物化学和生物编码信息交互作用的成果，以及"我"生下来以后生物编码信息与非生物编码信息交互作用积累的成果。"我"的信息库存在并连续工作着，它的动因主要是由于它与周围事物（包括自己的身体）的生物编码信息以及非生物编码信息的相互作用，结果造成有一个"我"。

在这里要提一下植物，植物属于光能自养型生物。一方面，它扎根地面，不能移动，没有进化出神经系统。由于营养物和水来自地下和周围大气，还必须有阳光的参与。它处于生物食物链的一端，即无机世界；另一方面，由于不能移动，作为动物的食物，它与捕食它的动物的交互作用往往是被动的，基本上没有抵抗。它与周围的同类和异类植物由于都缺乏灵敏的感觉器官，所以间接的可感知的生物编码信息作用也很弱，自然也没有自我意识。所以总的来说，比起动物来植物之间的生物编码交互作用较弱，其生物和生理的作用大部分都可以用现有的化学和物理学得到说明。即使像含羞草那样极个别的有一定能动性的植物，它的动作也可以通过化学和物理学得到说明。含羞草在白天，当其小叶遭受振动或其他刺激时会成对合拢，其反应速度很快，刺激作用后，0.1s就开始动作，传递速度可达 $40\sim50\mathrm{cm/s}$ [86]。但其动作原因可以用枕叶上部细胞壁较厚、下部较薄、细胞间隙较大、振动时水液排入间隙、下部变软，而此时上部仍然保持坚挺来加以说明。

植物的形态、内部构造也比动物简单，它的外部形态除了花果部分外，其根、茎叶部分的表型可以用所谓 L 系统的方法相当精确地表现出来[87]，也就是说，规定了几条重写规则就可以用迭代方法描述植物的动态生长过程。这种方法的理论依据是在生长发育过程中，每个细胞的行为和形状取决于哪段基因信息得到表达，而后者又取决于周围细胞中哪些基因信息得到表达。这反过来表明，能够影响植物生长发育过程的因素并不多。

不过这些并不表明，生物编码信息在植物界中没有作用。除了与捕食生物的交互作用外，生物信息编码作用主要体现在酶、植物激素、免疫系统以及体内的主动运输等方面。从光合作用开始，就少不了酶的参与。叶绿体是光合作用的主要场所，而叶绿体中就含有光合磷酸化酶系、CO_2 固定和还原酶体系等几十种酶[86]。植物的呼吸作用，是植物释放能量供给各种生理活动的需要，呼吸作用的糖的分解代谢途径，包括在细胞质内进行的糖酵解过程、在线粒体内的三羧酸循环以及戊糖磷酸途径等，都需要各种不同的酶和辅酶。

4.7　免疫系统、配体与受体、药物

在不同的生物大分子之间普遍存在着专一性结合现象，它是由特异性之间的吸引造成的。像上面讲到的酶就是如此。这种作用在生物免疫系统中也得到鲜明的表现。此外，像配体与受体的专一结合等也都具有这种特异性结合的现象，生物大分子的这种专一性结合也可归纳为分子识别。此外，像药物中的药效团与靶点的相互识别和结合则是人类对生物这些专一性的模拟。

免疫现象是指机体免疫系统识别和区分"自己"和"非己"，并清除"非己"抗原性异物，以维持机体内环境稳定的一种生理功能[88]。免疫应答包括两类，即固有免疫和适应性免疫，前者又称天然免疫，即个体出生时就带有的防御感染的功能，后者是个体在接触某些抗原性异物时获得的，又成为获得性免疫。固有免疫能对侵入的多种病原体迅速产生免疫应答。参与免疫的细胞包括单核/巨噬细胞、树突状细胞、粒细胞、NK 细胞等。当然，固有免疫也是有特异性的，只是特异性较低，也是靠模式识别来识别受体、识别病原体及其感染细胞，模式识别受体是指存在于巨噬细胞和树突状细胞表面或细胞内以及血清中能够识别病原体及其产物表面共有的特定分子结构的受体，它所识别的病原体分子结构包括像细菌的脂多糖和病毒的双链RNA 等。

在适应性免疫中，T 细胞和 B 细胞都能通过各自的抗原受体识别抗原，但 T 细胞只能识别与 MHC 分子结合形成复合物的抗原肽段。MHC 为主要组织相容性复合体，是一组紧密连锁的基因群，其编码产物为 MHC 分子。因此，T 细胞识别的抗原需要经过处理和提呈，即抗原首先在抗原提呈细胞（APC）被加工成小分子抗原肽，然后结合于 MHC 分子成为复合物被转运并表达于 APC 表面，被 T 细胞识别并产生免疫应答。B 细胞则分为 B1 和 B2 两个亚群，B1 为 T 细胞非依赖亚群，B2 为 T 细胞依赖亚群，它必须有 T 细胞的辅助才能产生抗体[72]。

适应性免疫应答可分为体液免疫应答和细胞免疫应答。抗体就是介导体

液免疫应答的重要免疫分子，是存在于血液和体液中具有免疫功能的一类糖蛋白，又称免疫球蛋白（Immunoglobulin）。抗原（免疫源）能够诱导机体产生相应的抗体。抗原可能是蛋白质、核酸、多糖、细菌和病毒等。抗原分子上能与抗体专一结合的特定部位称为抗原决定簇。抗体的基本结构如图 4-5 所示。

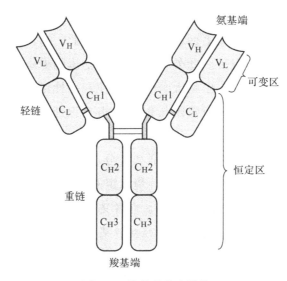

图 4-5　抗体的基本结构

　　抗体是由几条多肽链构成的"Y"形结构，包括两条完全相同的重链和两条完全相同的轻链。重链之间及重链与轻链之间由链间二硫键相连。轻链前端为可变区，其氨基酸的组成和排列顺序具有高度变异性。不同抗原所诱导产生的抗体的氨基酸与排列各异，因此决定了抗体和相应抗原表位结合的高度特异性。

　　抗原和抗体结合类似于锁和钥匙的结合，但在有的情况下，抗原还会诱导抗体发生构象变化，这种结合更像是握手，而不是钥匙插在锁眼里[42]。从蛋白质化学角度来看，这种分子识别的条件有两条：第一是两种蛋白质分子的结合部位之间，其微区要能够相嵌互补，造成相当大的接触面积，或者经过构象变化实现大的接触面积；第二是两个结合部位各有相应的化学基团，相互之间能产生足够的结合力，使两种蛋白质分子结合起来。这无疑也是编码信息交互作用的必要条件。但是如何说明像免疫系统的这种以抗体和抗原为中心的双方按不同程度的特异性互相选择、互相感应的精细现象，目前除了二者相遇后发生的化学反应外，对其余的复杂过程目前只有从现象学角度的描述，而无理论上的说明。为什么抗体与抗原互相趋近？为什么抗原能感应出相应的抗体？为什么二者趋近后可能产生一定的形变以求进一步的结合？这些问题全无答案。而本书的关于生物线性大分子之间借间接或直接的生物信息编码交互作用对此提供了一个答案。首先，抗原和抗体都是进化的产物，它们之间的相互作用随着进化过程不断地改变着彼此的形态和功能，从而发展出各类不同的抗原-抗体交互作用系统。因此，免疫作用有一部分是遗传下来的，也就是固有或天然免疫部分。至于遗传的机制如何这里不加讨论，反正事实上它们是遗传下来了。这种免疫系统的特异性较低，抗原可以与较多的特异性不同的抗体发生交互作用，但仍然是信息编码交互作用。这种能力可能与在进化过程中二者长期频繁地相遇和交互作用有关，从而有更多的机会通过不同的遗传机制保留下来，表现为固有的免疫机制。除了固有免疫外，遗传下来的还有可以产生适应性免疫能力的结构和功能的线性大分子。它们的特异性较高，可以通过间接的或直接的生物编码信息发生交互作用。

与免疫系统类似的还有受体与配体[42]。像激素和神经递质就属于内源性配体，即由机体本身产生的活性物质，外源性配体则指药物。在多细胞生物体的代谢调控中，细胞之间化学信息的联系十分重要。配体的化学信息能够被细胞中的受体识别，从而可以启动或控制靶细胞内的生化反应和生理效应。靶细胞中能与配体专一结合并传递信息的特定部位，称为受体。被受体识别并能与之结合的活性物质，被称为配体。内源性配体与受体的特点之一是结合专一。受体一般只能与一种或一类配体结合。专一性结合的条件也是结合部位构象互补和结合部位上二者有可以互相形成结合力的基团。它们的交互作用也可以通过生物编码信息的交互作用得到解释。

药物属于外源性配体，是人造的，可以看到人对上述自然现象的探寻和模拟。在近现代科学出现以前，无论中外，人们使用的药物都是天然物质，包括植物、动物和矿物。现代中医仍然保持这一传统。而从19世纪开始的西方药学，除极少数简单的无机和有机化合物靠化学反应来治疗或消毒外，其余的绝大多数药物都是复杂化合物，其中很大一部分是利用现有的动植物和微生物进行加工、改造或作为先导化合物制成的。从天然产物中寻找有活性的化合物作为先导化合物一直是开发新药的主要思路之一。

　　开发新药的第一步是确认药物作用的靶点[89]。所谓靶点，就是药物在体内的结合位点，包括基因位点、受体（指存在于细胞膜上、胞浆或细胞核内能特异地与药物结合并发生一系列生理效应的大分子蛋白质）、酶、离子通道和核酸等生物大分子，除这些生化类分子以外，靶点还包括细菌、病毒、真菌或其他病原体。药物分子的药效团是呈现特定活性的微观结构，但是需要结合在一定的生物骨架上才行。药效团是有特定物理或化学功能的原子、基团或化学片段。分子骨架则有连续性，必须有适当的分子骨架把药效团带到适当的位置与靶点结合，才能发挥作用。相同的药效团可以附着在不同的分子骨架上，构成作用于同一靶标的结构不同的化合物。这显示了受体的柔性和可塑性以及结合部位的多重性，因而可以保持药效团、变换分子骨架、修饰基因和边链结构来构成不同的药物。

　　药物为了能运到靶点，依条件不同需要有一定的水溶性或脂溶性，才能被吸收和转运。药物的跨生物膜运送除了靠浓度差外，有的药物分子与核酸、氨基酸、糖类等营养物质一样，还要靠主动运送的方法通过生物膜，这就要靠分子与膜上的特异性蛋白质产生可逆性结合以进入膜内[120]。可以看出，药物的设计遵循的原则与酶、抗原与抗体、配体与受体是一致的。实际上，很多药物就是酶制品。它们得以存在并发生作用的原理都是对立双方带有特异性的吸引与结合。一句话，药物设计的原则就是设计的有机大分子或利用已有的生物大分子能够与生物机体的某一部分发生生物编码响应，以达到治病的目的。

　　吸毒成瘾是人和一些动物对某些药物或行为（例如，赌博、网瘾）成瘾的最严重的毒害之一。它的特点就是一些人造药物对人造成了异乎寻常的独特吸引力，它们具有一种不可抗拒的力量强制性地驱使人们使用它们，并不择手段去获得它们。究其原因在于人和动物对快乐感、满足感的追求。人和动物本身是有快乐感和满足感的，涉及这些感觉的脑区包括伏隔核、下丘脑腹外侧核、中脑腹侧被盖区、边缘系统等[90]。这些脑区共同构成了脑的奖赏系统。脑区的神经元之间的投射构成了环路。而参与奖赏的神经递质有多种，其中最重要的是多巴胺。奖赏有两类：一类是天然奖赏，即与个体生存有关的进食和性活动的相关刺激引起奖赏系统产生快感，多巴胺起重要作用。而像多巴胺合成受阻的转基因小鼠在4周大时甚至可能死于饥饿，原因是缺乏多巴胺导致的对食物不产生欲望。而另一类奖赏则是由毒品引起的药物奖赏，毒品引起的愉快和满足感也是由同样的奖赏系统产生的。但药物模拟自然奖赏产生的刺激信号，可以导致超量的多巴胺或其他产生快感的递质释放，造成比天然奖赏更强烈的愉悦感，而且天然奖赏还受负反馈抑制，不会过分。因此，毒品是一种对生存不但无益而且有害的人造强烈吸引品。

可以看出，无论是酶、抗原和抗体，还是配体与受体，它们都是靠生物编码信息交互作用产生的吸引作用互相接近的，这种互相吸引甚至能诱导出原来没有的相应的对立面与之发生作用；而药物则是人对天然生物编码信息的模拟，它提供类似的信息以推动反应的发生。

4.8 中医的经络系统

经络系统是西医至今没有发现且不予承认的系统，但却是中医理论中认为存在于人体内的一套重要系统。西方科学认识不到经络系统的根本原因在于它是无形的，在解剖学中至今查不到经络的踪影。

经络理论认为，经络是人体运行气血、联络脏腑、沟通内外、贯穿上下的径路。它是各个同类性能的腧穴在生理上、病理上起反应作用的联缀系统[91]。经络包括经脉和络脉。"经"是全身营卫气血的主要通路，贯穿人体上下，沟通身体内外，是经络系统的主干。每一条经脉分属于某一具体脏腑，有一定的循行路线，并有一定数目的穴位。络是经的分支，在人体内纵横交错，把经与络联络起来，网络整个人体。络脉还可以分出众多更小的细支，称为孙脉。经络把人体内的脏腑和体表的各组织器官联系成一个有机体，维持着生命的统一与协调。

经络一方面有运行气血营卫的作用，另一方面也有传变疾病的作用。它能把外部病邪传递到人体内，反过来，也能把内脏的病变反映到体表，在其所属的经络循行部位表现出相应的症状来。针灸就是根据经络的这些作用，通过针刺或灸灼与内脏有关的穴位，以激发人体的经络之气。针刺可以达到通经活络、调整人体机能、祛邪扶正的治疗目的。灸则是以艾绒等各种药物来烧灼、熏烫体表的穴位，通过温热刺激穴位，达到温经散寒、扶阳固本、导引气血的效果。图 4-6 所示为人体的一共十二经再加任、督二经共十四经在人体正面位置的示意图。

在一些家畜和宠物身上也发现有经络系统，只是研究得不多。说明经络系统不是在人身上突然冒出来的，而是进化来的。经络系统虽然缺乏西方科

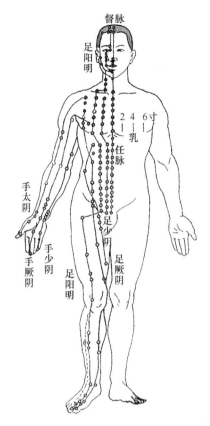

图 4-6　十四经分布图

学的依据，但基于它的针灸疗法却从古至今被中国人所采用，以其疗效著称于世。现今不仅在亚洲而且逐渐向许多其他国家推广，为世界更多的人采用，尽管由于其不"科学"而遭到不少西方人的非议。

经络有些特征在西方医学看来简直是匪夷所思。例如，小腿靠上部有一个中国人比较熟悉的穴位，叫足三里。针刺足三里，可以治疗泄泻这类肠胃病，同时反过来也能治便秘。扎足三里还可以治脾气虚、治肝血虚。又如脚底中间有个穴，叫涌泉穴，按它可以治静脉曲张，这都是从解剖学难以理解的。

现代研究表明，在有些人身上可以感到"循经感传"现象。即针刺穴位时，可以感受到一种酸、胀、麻等感觉沿着经脉路线循行游走的现象。在人体穴位注入放射性同位素，可以发现经脉线上的强度高于周围[92]，这些线性轨迹与古籍中的经络描述基本一致。"感传线"一般呈细带状，定位明确，宽度在四肢处约为一至数毫米，在躯干处可达数厘米。循行速度比神经传导慢得多，每秒仅数毫米至数厘米。

对于人们看不见的经络系统，我国学者以及一些外国学者从不同的角度进行了研究。对它的本质提出了各种看法，至今莫衷一是，议论纷纭，远未统一。文献[93]对此作了归纳，较早期的研究多把经络与神经、血管、淋巴系统联系起来，有的甚至包括或等同于神经或血管系统；有的认为经络是大脑皮层之间特有的功能联系；有的认为经络与周围神经或植物神经有联系；有的认为经络是除躯体神经和植物神经以外的第三平衡系统；有些从电磁场角度说明经络，例如，认为经络是一个进行着无线电波化学反应的具有高代谢水平的系统；有的认为经络是神经-血管等组织一体电环流三者相结合的相对统一体；还有人认为经络可能是特化的细胞间隙连接直接通信系统；有人认为，它是存在于组织间质中的低流阻组织液通道；有人提出，肌肉系统是经络的主体；有人提出，气血类似于信息及其载体，经络系统相当于信息通道，信息即是电脉冲，神经和体液系统可能是经络的物质基础，神经冲动和体液因素都可以作为信息的载体，经络系统与神经和体液系统的关系是控制系统与元件、部件及线路的关系；还有一种说法认为经络是全身穴位连接成网的，控制局部基因活动的高级信息结构。巴西的一位针灸工作者认为，针灸输入的是信息（Message），而经络传导的是信息流[94]。2011 年香港几位学者认为针灸是借针刺产生声波讯号，启动细胞的钙离子流动，产生胺多酚物质，从而达到止痛效果[95]。上述的诸多理论假说都是立足于现有的科技水平，即使谈信息或讯息也指的是比较简单的脉冲，而无一般信息所包含的复杂内容。

从经络的结构看，它显然是一个充斥全身的无形的信息网络。它是进化的产物，而不是进化留下来的遗迹。通过它可以影响和调控一些生理和心理的活动，因此它更符合生物编码信息的特点。在体内，无时无刻不在进行着大量的依靠生物编码信息推动的生物化学和生物物理学活动，其表现就是大量的线性生物大分子的振荡和彼此间的交互作用以及这些大分子与其他物质的交互作用。所产生的生物编码信息包含着复杂的内容、彼此是靠特异性响应的。当然，除了生物信息编码作用外，体内还存在有大量的生物化学等其他活动。各项生物能支持着生物在线性大分子尺度、细胞尺度以及组织器官尺度的振荡。在正常情况下，人体处在内稳态的状态中，即处在一种动态平衡的状态中，它要不断地应对外界的变化使稳态得以重建。外界变化有随机的，也有有规律的、周期的。维持这种稳态的机制是反馈和生物钟机制，途径是靠神经调节、体液调节、免疫调节、自身调节和精神调节等。而神经、内分泌、免疫系统三者之间又构成了相互影响的神经免疫调节网[39]，正如前面讲的，神经、内分泌和免疫系统的活动均有生物编码信息的参与，因而在稳态条件下，体内的生物编码信息的振荡也处于一种稳定的动态平衡中。众多的编码信息振荡借着特异性彼此处于相互影响、相互偶联、相互衔接、相互循环的稳定状态中。这种稳态不是静止的，在体内的每个地点在不受外界干扰时它的振荡也是呈周期变化的，这种信息波在体内的整体表现就是沿躯体和四肢流动的信息循环，不过它的流动与单一的液体在管内的流动不同，因为不同地点的信息内容并不相同，有的信息联系影响的其他信息多、行程远；有的信息影响范围小、行程近。因此，不同地点的信息内容并不相同。从宏观上看，这个信息流好像是一个整体沿躯体和四肢流动，实际上则是信息在信息网络内的复杂振荡和流动，不同信息在网内作用的大小、作用的远近各不相同。而穴位则是网内的节点，像足三里这样的穴位就是联系比较长的节点，针刺是利用物理作用扰动节点、艾灸则是利用热和化学作用来扰动节点、从而调控节点周围影响所及的信息振荡来矫正病态的。由于穴位不是感觉器官，它对外来的间接信息并不敏感，要靠针灸的直接作用。外来的力学和化学作用通过影响身体来影响网络的运行，通过感觉器官传来的外来直接和间接生物信息也可以影响网络中信息的运行，在一定范围内这些外来"干扰"可以通过反馈来恢复到正常稳态。

以下简单介绍罗辽复对经络理论的分析[121]，这是与作者生物编码信息最接近的一种分析。他认为，为了建立生命体的系统科学——生命热力学，必须从信息-熵概念的分析着手。单讲生命靠负熵流维持是不够的，因为生命是一个高度自组织系统，体内必有广泛和频繁的信息交换。而经络则是体内信息流集中的主要通道构成的网络。他认为普立高津等人在考虑熵流时没有考虑声波的传播以及和物质耦合的电磁场的传播引起的熵流。经过计算，认为当 $\nu \geq 10^{14}\text{Hz}$ 时，声子、光子对信息流的贡献可以忽略，而 $\nu \leq 10^{13}\text{Hz}$ 的低频光声信息流在生物体的自组织则是不可忽略的因素，这在物理上很容易理解，这是前面讲过的玻色凝聚的必然结果（见 2.5 节）。因此，对于细胞内的自组织，低频电磁波和大分子的超声波振动所传播的信息流可能起重要作用。他认为，针感的循经传导是低频的机械波以及和它耦合的电磁波沿着这个通路的传播。由于信息流的载体可以是电磁波和声波，因此信息流场原则上可以辐射离体。如果经络波是沿着这些通道的序参量活动，对于经络敏感的人或正在运气的气功者，序参量方程的解为有一定运动速度和扩展线度的孤子，因此生物体内沿经络可存在长距离的稳定的信息传播。所谓序参量，是德国理论物理学教授哈肯提出的协同学里的一个重要概念，是指一个系统的演化过程中的多个子系统的运动趋近临界点时，由彼此无关转为长程关联，在复杂的相互作用中，某些子系统的参量被激励或放大，成为支配子系统行为、主宰系统整体演化过程的"序参量"。而孤子或孤波最早是指船突然停下，船头可能出现一团光滑规整的水，这团水可以保持自己的形状，以一定速度传播很长距离，衰减很慢。后来发现，在连续介质或流体的复杂系统中，都可能出现这种形状和速度可以保持不变的孤子或孤波，它是一类由非线性作用引起的横波。

罗辽复谈的信息内容当然没提到生物编码信息，但是他认为经络与信息有关，并且考虑把声波和光波作为信息的载体，与生物编码信息强调的间接编码信息——由听觉和视觉器官传达的信息是一致的。他认为信息流可以辐射离体，并在体内作为孤波沿经络作长距离稳定流动，对理解生物信息编码的某些特性也有参考价值。

本书推测，中医的经络系统可能就是生物编码信息的网络。说不定一两千年前中国人提出的经络系统就是 21 世纪科学寻找的信息网络或其雏形，这是一个很有意思的、值得深入研究的课题。

4.9　生物编码信息为自然科学和社会科学提供了一个共同的理论基础

科学原来指的是自然科学，以后扩大包括社会科学。自然科学的对象是整个自然界，社会科学的对象是人类社会。自然科学与社会科学之间一直存在一条鸿沟，究其原因一方面是自然科学的规律尽管也适用于人类，但还上升不到解释人类社会诸多特点的层次，包括本书讨论的人的生物学特征，即人作为生物为什么是活着的这样根本性的问题；而另一方面，社会科学不谈自然科学，也能自成体系，构成一个理论系统自我发展，二者之间没有形成一个有机的整体。此外，自然科学特别是基础性的学科像物理学和化学规律性强，放诸四海而皆准，容易取得所有人的共识。而社会科学则由于认识上的局限和社会上阶级和阶层等的划分。"公说公有理、婆说婆有理"，难以取得共识。还有一点，即在人类社会中，偶然性起很大作用，规律性不明显，有人甚至否认有规律性。

有了生物编码信息，就为自然科学与社会科学提供了一个共同的理论基础。生物为什么能活？是因为生物与生物之间有生物编码信息的吸引与排斥交互作用，这种交互作用同时构成了生物之间的食物链和生殖链，保证了生物的生存和物种的延续，这是生物学和生命科学的理论基础。人类由于发达的智力而区别于其他生物，但人类与其他生物一样，也是靠生物编码作用构成的食物链和生殖链来维持自身和本物种的延续的。食色，性也，即使人类发展到今天也仍然是它生存的基础。不管人类今天的许多活动看来与这个目标距离多远，但维持自身生存和物种延续仍然是第一目标。

为了这个目标人们组成社会，从而除了人作为个体，具有他（她）的生物学特色外，还具有他们形成的人类社会的种种特色，成为社会科学的研究对象。作为生物的人类具有生物共有的主动性和目的性，它的活动规律具有不同于非生物的特色。但不能认为这些规律为非生物世界所不具有，为非生物世界规律不能解释就不是科学。科学也要研究只在生物学领域起作用的规律，而生物编码信息就提供了一个自然科学和社会科学的共同理论基础。当然，基础并不只是这一个，但它是不可或缺的。试看今天发达的人类社会，直接和间接从事与信息有关的人数已超过直接从事与食品生产有关的人数，而这些信息工作的基础就是生物编码信息。

本书的研究主要是说明为什么生物编码信息是构成生物是活的这一基本问题的原因，并没有涉及人类特有的高度发达的意识问题，更没有在社会科学领域里展开。生物为什么是活的这个问题是人类活动以致组成社会的基础，因此这个展开还有大量的学问可作，期望能有同道在这方面继续努力。

5　由生物编码信息得到的
一些哲学感悟和随想

　　本章谈到的作者在本研究过程中取得的一些哲学感悟和随想属于科学哲学方面的问题，提出来与科学工作者和哲学工作者分享。不过本书的中心内容是生物编码信息，属于科学问题，而哲学问题只是我在研究过程中的一些感悟和随想，是附带的。因此，对于本章所提问题我并未作系统研究，也未征询过其他学者的评价与讨论。这些体会一部分可能与有些学者的体会相同，不过有自身的特点，此外还有一些与他人不同，并提出来供研究讨论。

5.1　本研究的基本思路是传统的中国式哲学思路

　　生物为什么是活的问题是科学的一个基本问题。凡是科学的基本问题都是哲学意蕴非常浓厚的问题。生物编码信息之所以能够提出，就在于基本思路与现有学说的基本思路不同。基本思路就包含着哲学思路，这个思路指引着研究者的前进方向。这不等于说研究者一开始主观上就自觉地奔着某个思路去，实际上往往是首先不自觉地沿着前人的基本思路走。一般来说这对于研究科学的非根本性问题是有效的。由于这个缘故缺乏哲学素养的研究者并不认为自己的科学研究与哲学有关，其实他（她）们只是不自觉地遵循着某个哲学思路而已。但是在研究一些根本性的科学问题时，哲学思路对不对头则对问题的解决与否具有决定性的影响。本书在研究生命问题时开始也同样不曾考虑哲学问题，而是跟着前人的思路走，冥思苦想，若干年都找不到线索，渐渐地不自觉地变换了思路，探讨其他方面的可能性，并在探讨过程中取得今天的发现。这个过程就像20世纪美国历史主义科学哲学家库恩描述的那样，每个历史时期科学都是在科学界公认的某个"范式"（Paradigm）内工作的，直到这个范式解决不了越来越多的新出现的科学问题后，又转到新发现的范式[96]。回过头来反思，我取得成果的思路与通常的还原主义思路恰恰相反，是从生物与其他生物联系的角度来考虑问题，而不是只从生物个体本身考虑问题。

这个思路是从整体、从整个系统角度来考虑问题。这是中国传统科学研究问题的基本思路，这个思路与还原主义的思路比较起来，各有其长处和短处，适用于不同的情况。而像生物为什么是活的这样的整体性问题来说，还原的思路是不行的。我有这样的感觉，就是无论你把一个个体生物解剖得多么细致、多么深入，你也得不出它为什么是活的缘故来，尽管这样做你可以对生物的细节得到丰富的知识。因为正像本学说所表述的，生物为什么活的关键在于生物之间的相互作用，因此只把一个生物单独提出来研究，是找不出答案的。

中国整体性的哲学思路源于易经，它认为必须有阴和阳两个方面才能构成事物。任何事物都有阴阳两方面，即使是一个单体生物也有阴和阳两个方面。在考虑涉及生物群体以及周围环境的问题时也需要"一分为二"，不能忽略了任何一个方面，不能忽略二者之间的相互关系。这个"一分为二"与西方科学的二分法不同，二分法只是简单地一分为二，它也可以一分为几，随便怎么分都行，没有中国哲学一分为二特有的含义。前人以及我本人长时间考虑问题的思路都是集中在生物个体身上，只把外来的食物、水和空气以及其他生物作为维持生命活动的单方面供给来考虑，而未考虑过生物个体对其他方面的作用，现在看来就是由于忽略了双方的相互作用，特别是生物之间的间接信息的作用，所以始终得不到答案。

有人可能提出反驳说，达尔文的自然选择学说就是考虑了生物与它周围环境相互作用的。这不错，也是达尔文成功的原因。问题是他考虑的并不全面，他并未考虑生物与生物之间的无形的作用，即间接的信息交互作用。他提出进化论时是在科学把信息纳入自己的视野之前约 100 年，所以并不奇怪。

从薛定谔开始就把解决生命问题的希望寄诸量子力学（见 1.2.1 节），按照还原主义的思路，如果把问题拉到最微观层次就可能解决。一些量子力学学者为此也一直在努力，不过从薛定谔到现在七八十年过去了，除了在生物科学的若干具体问题上取得了一些进展，像书中 4.3.5 节讲的量子化学在说明三联体密码的探索外，还有用量子隧道效应、量子相干性和量子纠缠态说明酶的作用、光合作用、鸟的迁徙等具体问题[97]，还有一些关于量子意识的泛泛议论[14]，正像 2014 年出版的《神秘的量子生命，量子生物学时代的到来》一书作者所说的[97]："我们相信——生命现象——需要量子力学的解释。但是我们是否正确呢？当前的技术水平无法让我们对这个问题作出判断。"

量子力学作为微观粒子运动规律的学说，适用于所有微观粒子。因此在生命的微观层次上，有些现象需要量子力学规律才能说明是很自然的。从这个角度来说，生物研究到微观层次必须要量子力学这话不错。但是作为一个宏观整体的生命现象，它与量子隔好几个层次，是在大量不同的"粒子团聚体"层次上"突现"出来的现象。这样的现象所需要的是对该层次的解释，而不是较低层次的解释，而且较低层次也解释不了。拿一把椅子作例子，解释这把椅子需要说明这把椅子的形状、尺寸、材料、色彩，以及制作的工艺，而不是组成这把椅子的分子、原子，更不是更微观的量子，因为分子、原子、量子是所有物质的共性，而没涉及椅子的特性，所以用还原主义的思路来解释宏观尺寸上的现象看来是行不通的。但这并不意味着作者反对用量子力学来研究生命，因为并不排除在生命的某些层次上会出现在其他地方不会出现的特殊量子现象，不考虑这一点，也可能让我们丢失某些重要的东西。

5.2　信息论与认识论

自从 1949 年维纳在《控制论》[46] 一书中提出"信息就是信息，不是物质也不是能量。不承认这一点的唯物论，在今天就不能存在下去"，在哲学上对唯物论提出了挑战。不过西方哲学界对科学新出现的这个事物响应很慢，直到 20 世纪 80 年代末，信息哲学才开始得到承认。2004 年出版的文集《计算与信息哲学导论》是国际上第一本专谈信息哲学的著作[98]。在这本文集中，主编卢西亚诺·弗洛里迪对信息作了一个哲学上的定义，尽管他把信息提到第一哲学的高度，但他给出的定义看来却不成熟。我国在 20 世纪 80 年代初也开始出现有关信息哲学的文章，邬焜从存在论角度对信息作了以下规定[99]，即：

不实在＝客观不实在＋主观不实在（精神）＝间接存在＝信息

客观不实在＝客观间接存在＝客观信息

主观不实在＝主观间接存在＝主观信息

所谓客观不实在，例如水里的月亮，它既是客观的但又是不实在的。主观不实在指的是意识、精神之类，是主体对客体的主观反映和虚拟性建构。在其他诸多关于信息的定义里，也有许多是哲学性质的或哲学意蕴很强的，这里不赘述。

我比较看重的是信息的"一分为二"，作为信息，必有信源和信宿两方面，否则就无从谈起信息。作为信宿，我们对事物的了解，只有它的信息，除此之外，一无所有。我们不能问，一个事物，除了信息，还是什么。因为对于我们来说，除了信息，我们不知道别的。信息是与构成该事物的物质（包括它的构成）和能量一样，是该事物的本质属性。对信源来说，它与该事物的物质和能量是一回事，除了物质和能量以外它什么都没有。但对信宿来说它则有信息，即信息作为事物的一个本质属性，只有在与其他事物构成信息联系时才显露出来，没有它物作为信宿，就无所谓信息。所以信息是表征世上万事万物皆有联系的范畴。任何事物，均有作为信源和信宿的两个方面，说明世上万事万物皆有相互作用。这种交互作用体现在个体身上，就是个体会因外来信息的作用而发生改变。不过信息又不同于"自在"的物质和能量，信宿接收的信息不是物质和能量本身，信宿能够接收什么样的信息（可能包括部分或少许的物质和能量），能够接收多少，还与信宿本身的特性有关，例如，人能够接收的信息就不同于一个昆虫，即使同为人类，不同的人接收信息的能力也有微小区别。此外，随着生物的进化以及生活经验的积累，对于同一事物和能量，他们能获得的信息会越来越多。特别是人类，随着人类认识能力的提高，包括新仪器的发明，人类对事物和能量的认识越发深入，过去人类感觉不到的事物和能量，通过新仪器可以转化为人类可以感知的，因而人类可以从同一事物和能量身上获得更多的信息。由于人类的科学探索不会停止，因此潜在的信息也是无穷的。但是，当个体生物死亡时，它脑中所储存的信息也跟着消灭，有一部分信息会在其遗体和下一代身上通过遗传保存下来。此外，他们还会通过自己生前的活动和身体的残余不自觉地在地球上保留一些遗迹。对人类来说，他们还会有意识地在世上制造一些遗迹以保留信息。

因此对于认识论来说，不能像过去机械唯物论那样，把作为信宿的人作为一面镜子，只是简单地原封不动地反映事物和能量，而是需要考查作为信宿的人接收信息的能力，以及他对信息的加工和改变。信息在科学上的出现并未改变唯物论的立论基础，因为信息是物质和能量以符号、图形和编码形式的运动表现，没有物质和能量也不会有信息。广义的信息是自在的，狭义的信息是以人类为最终信宿的信息，它的基础则是生物都有的生物编码信息。

只不过比起其他生物来，人类可以靠发明和利用工具（仪器）扩大自己收集信息的能力，更重要的是他能对信息作思维上的加工，使信息发挥其重大的潜力。

虽然信息基于物质和能量，但它又反过来作用于物质和能量，对物质和能量的运动起调控、指挥和节制的作用。这种作用在机械唯物论那里只简单地轻描淡写地描述为是物质和能量的一种功能，这显然是太简单了。辩证唯物主义就比较全面，它实际上在一定程度上注意到了信息对物质和能量的反作用，但辩证唯物主义是信息在科学领域出现以前 100 多年提出的，它不可能明确指出信息及其作用。信息虽然以物质和能量为基础，但它确实又不是物质和能量，只不过是一些符号、图形和编码，但是它的生物信息编码的作用又是如此之大，理应得到哲学界的重视和研究。今天信息哲学的发展显然落后于信息科学的发展，这种局面需要改变，以利于加深对信息特别是生物编码信息的理解以及信息科学的发展。

5.3 谁是生命的承载者

在研究生物编码信息的过程中，我突然给自己冒出来一个问题，即到底谁是生命的承载者？一般认为，生命包括肉体和精神两个方面。机械唯物论者认为，精神不过是肉体的"副产品"而已，唯心论者或认为生命是某一个创世主的创造，或与机械唯物论相反，认为肉体是主观精神创造的。有一本书，书名叫《人有两套生命系统》[100]，认为中医所谓的气就指的是灵魂，是精神现象的总称。这种看法，本书不尽赞同[18]，因为按照中国传统科学的看法，世上一切都是气构成的，并不只是精神。总之，从古至今，包括中国和外国，对生命问题的看法大体都是围绕着肉体和精神两个方面研究的。

在我看来，泛泛地说，或就整体地说，人体包括肉体和精神两个方面不错。尽管人体有的肉体部分即使丧失也不会危及生命，但作为一个整体，这些可以丧失的部分也应是整体构成的必要部分。这两方面的关系细究起来，问题不那么简单。拿组成人体的细胞来说，作为一个耗散结构，其通过与外界的物质和能量的同化和异化不断地新陈代谢。不同组织和器官的细胞新陈代谢的速率虽然不同，但新细胞总是不断地代替旧细胞。过去曾认为，成熟的中枢神经是完全"定型"的，不可能有新神经元的"增殖"，但近年来发现哺乳动物脑内各皮层都可能有新神经元再生[81]。因此不能认为组成细胞的物质是生命的固定承载者，因为它们不断在更换，不断在"流动"，所以宁可说"物质流"才是生命的承载者。组成一个人成年时的物质早已与他婴儿时的物质不同，不知已换过多少遍。不变的只是在它身体的某处必须是某种细胞、某种类型的物质集合而已。也就是说不变的只是该处的信息（其实某处的信息也有一定变化），尽管"我"主观上感觉不到这个信息。进一步说，人体受外部的作用和体内某部受它部的作用从而使脑部产生感觉时，感觉产生于脑内，而并不产生在发生作用的部位。譬如一个人的腿部受伤，他会感到伤处的疼痛，但是如果割断腿部的神经，他就不会感到该处的疼痛。所以对于主观的"我"来说，疼痛一方面是腿伤带给我的信息，另一方面我的神经系统承载着疼痛的痛苦感觉。但受伤处信息影响的神经元集体受的是有一定分布的电脉冲的作用，神经元受到的只是电脉冲，而这些电脉冲怎么能"升华""转化"为"我"的主观的痛苦感觉，我们现在还说不清楚。我只能说，从不同感觉器官传来的不同信息给我以区分不同作用的能力。同时，这些感受还会引起脑子的变化，就是说增加了我所记忆的信息。我还会对外界的作用指挥我的肉体作出反馈。这个反馈过程是一个很复杂的活动，特别是人，要对信息作复杂的思维加工才能作出。这些反馈过程有的我知道，有的我并不知道，是自发进行的。此外，由于外界信息的吸引，"我"还有"自发"地去寻找食物和异性的冲动。总之，生命起源于信息的交互作用，但它不是生命活动的全部，因为生命还有其他的化学变化，包括"质"的变化。例如，一个动物吃掉了另一个动物。这个过程不只发生了化学变化，同时一个信息源和信宿也消灭了。

"我"只能掌握部分信息及其活动，这些信息和活动转化为我的感觉和思维，是信息中最敏感、最富变化、最致命的部分。"我"虽然并不掌握所有的信息活动，但却掌握着一些关键部分，从而能管控全身。"我"一消亡，全身所有的关键信息活动停止，主观的我不复存在，整个肉体会很快发生质变，转化为其他别的什么东西。从这个角度来看，信息是生命的承载者。从个体来看，一个人的许多组织和器官可以被替换，但是这个人还是这个人，不能换脑（现在有人在议论做换脑的手术），因为换了脑，这个人就变成另外一个人了。因此信息不但是物种的承载者，而且是具有特异性的个体的承载者。可以说，广义的或全面的生命包括肉体和精神，二者缺一不可，它们都是生命的承载者，但其中最关键和最致命的以及最有决定意义的部分却是信息，此处决定意义指的是它的指挥和协调作用。没有信息的获得、存储、加工和运用，就无所谓生命。物质和能量可以非生命的形式存在和运动，所以它们不是生命的本质部分，决定生命本质的是生物编码信息，也就是说，看不见摸不着的信息才是生命最本质的部分。20世纪70年代，哲学家罗嘉昌基于近代物理学，提出用关系实在取代绝对的实体[109]，他认为，所谓关系的实在性，是指它的内在性、不可还原性和在先性。关系内在于系统整体而成为其结构要素，它们不是附加于与它们相关联的东西，而是构成了其总体实在；关系并非伴随其关系者的非关系性质而产生，因而关系不能还原为非关系性质；在先性有时表述为客观性、先验性，是讲它在人的意识之外。这一思路把关系放在关键位置，还是有启发性的。不管怎么说，今天的唯物论者，若是不承认生物信息是生命的最本质部分，就不能全面地说明世界。

5.4 "一分为二"和事物三分的关系

就中国来说，"一分为二"的哲学源头来源于易经。易经是周代的卜筮之书。原名《易》或《周易》，汉代人通称为《易经》。它包括《经》和《传》两部分。《经》部由爻的两种符号、阳爻—和阴爻－－组成的卦与卦辞、爻辞组成。卦辞说明卦、爻辞说明爻，二者用于占卦。《易传》部分则是以儒家为主体的学者对经文所作解释的汇编。《易经》的《系辞》说"易有太极，是生两仪，两仪生四象，四象生八卦，八卦定吉凶，吉凶定大业"。阳爻与阴爻两爻相叠，则成四象（如图5-1a所示），三爻相叠，则成八卦（如图5-1b所示）。

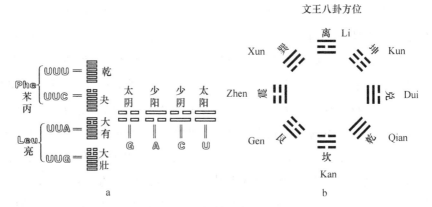

图5-1 四象及遗传编码和文王八卦

a—四象及遗传编码；b—文王八卦

把八卦中的两卦上下重叠，就得六十四卦。八卦被称为经卦，六十四卦被称为别卦。这样，每个别卦由六爻组成，顺序为由下往上数。最底下的叫初爻，最上面的为上爻。初爻代表事物的初始，上爻代表事物的终结。

八卦的来源不是偶然的。八卦的来源之一传说是古代圣人伏羲仰观日月星辰的变化，俯查山川泽壑的形势，观察鸟兽动物的皮毛文采，以及千姿百态而又各得其宜的植物等周围自然现象，同时细心体验自身的活动和变化，"近取诸身，远取诸物，于是始作八卦，以通神明之德，以类万物之情"。

为什么八卦用三爻，六十四卦用六爻？南怀瑾认为[101]系传说"六爻之动，三极之道也"。三极就是天地人三才。人文文化中是人就有男和女，即阳和阴，所以三二得六。随着人类社会的发展，事物越趋复杂，三爻比较简化，所以进一步发展成六爻卦。

显然，在易经，阴和阳是讲一分为二的。但它的展开却是以三为一个单元的，即三个爻排在一起成八卦，两个八卦排在一起成六十四卦。此外，老子又说"道生一，一生二，二生三，三生万物"。他不说二能生万物，也不说四或更多能生万物，偏偏说只有三能生万物。无独有偶，西方的辩证法大师黑格尔也是讲矛盾的，也是一分为二，但他的体系和方法，都贯穿着"正、反、合"的公式，即肯定、否定、否定的否定，也是三步。对"一分为二"和事物三分的关系如何理解？

对这些哲学原理可以从各个角度、各个方面加以理解。从我的研究工作来看，对这个问题，至少可以从以下几个方面来理解：一是从哲学上来看，只有物质和能量还不足以表述世界，必须要加上信息，一共三个方面才能完整地表述世界。信息离不开物质和能量作为它的基础、它的载体、它的同一；但信息又有它独立于物质和能量的一面，它能控制和调节物质和能量的运动形态，同时还可以脱离承载它的物质和能量，转移到其他的物质和能量上去。二是世界的生成，世界一分为二是它生成的初级阶段，只有天和地，这时世上只有水、岩石和空气，简单得很。只有天和地相互作用，生成了生物以后，发展成一分为三，事物才得到充分展开，世界才复杂起来，生物作为天和地的中介，不断推动天和地的改变，发展到人，人可以大大改变天地的面貌，中国古人把这个"三"作为人而不是生物，是可以理解的。人现在已经发展到代替了上帝很大一部分工作，将来还不知会发展得怎么样。对一分为三的另一种理解是核酸与蛋白质一分为二，从其特性来看核酸属阴、蛋白质属阳，这是生命的基础。但是只有这二者还不行，还要有糖类、脂类、水和二氧化碳、阳光等作为中介，生命才可能活起来。再有一方面是三联体密码，有一种学说[102]，认为在三联体出现以前有一个二联体的阶段。但是无论如何，有了三联体密码才出现了生物。特别有意思的是从 20 世纪 70 年代以来，中外学者发现三联体密码与易经的八卦、六十四卦在形式上有相似的关系[103]（如图 5-1 所示）。在此以前，丁超五就已经发现[123]，孟德尔的遗传数学式与八卦、六十四卦在形式上有相同关系。DNA 与易卦在形式上有许多相似的地方。DNA 是双链组成的螺旋结构，易卦则是阴阳二者的极性结构。DNA 的碱基有 4 个，为 A、T、C、G，RNA 为 A、U、C、G，易卦则有四象。四个碱基中的三个组成一个氨基酸的遗传密码，而每三个阴爻或阳爻的排列组合可以成为八卦中的一卦。三联体密码可以有 64 种排列组合，可以生成组成蛋白质的 20 种氨基酸，而两个八卦重叠成 64 卦。对这种相似关系，有人认为中国古人通过易卦早就发现了三联体的数学关系，有人认为这纯粹是巧合。其实，类似的关系还不只是三联体，例如，化学元素周期表也有 2^3 的关系。这种关系给我的启示是一分为二与一分为三两者并不矛盾，一分为二是发展的根据，而一分为三主要的是指发展的进程和中介。无论如何，这是哲学应该进一步研究的课题，同时还要注意哲学对科学的启示。

例如，李曙华在研究系统学时就提出，三是否是个宇宙常数的问题[34]。对于事物三分的关系，国内哲学界对此已有一些研究。例如，庞朴认为[104]，西方习惯以二分法说世界，西方辩证法建筑在两极的基础上。本意为求世界的一体，无奈却强调了世界的两分。中国哲学则相信宇宙本系一体，两分只是一种方便法门，即将事物包含的不同因素和变化推至极端，极而言之以显同中之异，并反证着事物本为合异之同，即其包含两端而不落两端，那么它就不是二，也不是未经理解的一，而是超乎两端也容有两端的第三者，因而他认为，中国的辩证法是一分为三的。他认为，二分法见异忘同，志在两边，而三分法则兼及规定着两个相对者的那个绝对，绝对者就是第三者[105]。一分为二虽不涉及对立中间有无中间地带，有无第三者，但却以它们的存在为前提，乃至为目的。他说无论是在古中国或在古希腊，在议论事物时都明确主张三分，因为事物本来就是三分的。艾平认为[106]，一分为二是事物性质（特别是最终性质）层次的哲学分析，一分为三是事物存在状态层次的哲学分析。二者互相补充、互相依存。聂暾认为[107]，传统的两极认识和思维方法看"一分为二"没有深刻而具体地回答对立面是怎样统一的，应该把"中介"引入到对立统一学说。客观事实告诉我们，统一体是由对立两极与中介构成的。而陈书栋[108]则认为"一生二"中的"一"是指第三个事物，"二"就是一个事物中矛盾的两个对立面，而这第三个事物是矛盾生成、发展和转化的基础。看来，主张一分为三的人原则上一般都不否认一分为二，认为一分为二是基础，问题是如何理解三和二的关系。

5.5 老子的"其中有信"的新解释

《老子》二十一说："道之为物，惟恍惟惚。惚兮恍兮，其中有象；恍兮惚兮，其中有物。窈兮冥兮，其中有精；其精甚真，其中有信。"讲道之为物包括象、物、精三者。而精中有甚真的信。我查了几本有关《老子》的白话注释的书[125~127]，对这个"信"的注释基本上都是作可信、可靠的意思解。但这种解释看来并不通顺，怎么叫其中有"可靠"或"信任"呢？如果把这个"信"作为信件或信息来讲，显然更合理些。信件与信息的含义与现代的信息含义接近。老子距今已2000多年，不可能想象今天科学的信息含义，但在当时的历史条件下，除了道中的象和物包含有今天信息的部分内涵外，还能把通信或信息作为道的基本范畴之一，实在是一个天才的构想。2000多年前的中国古哲人就已经悟出信息是一切事物的基本范畴，对比科学是在20世纪才认识到信息，不能不让人惊叹古人思维的先瞻性。

按照老子的这个思路，可以对中医的精气学说的"精"作进一步地阐明。中医按照《易经·系辞上》"精气为物"的思路认为精气是宇宙万物的构成和发展变化的本原。在中医学说中，精和气经常是连在一起提的，一方面二者是同义的，可以互用[110]，但有时二者又有区别，精是气的凝聚而稳定的状态，气是精的弥散和运动的状态。有时精气是指气的精粹或精华部分。同时精气又是天地万物之间的中介。如果按照现在对"精"的理解，可以认为，信息在狭义上是指精的一个组成部分，而在广义上则是精气的一个组成部分。

参 考 文 献

[1] 罗辽复. 物理学家看生命 [M]. 长沙：湖南教育出版社，1994：3.

[2] 曹健. 生命科学哲学概论 [M]. 北京：科学出版社，2007：209.

[3] 迈尔 E 涂长晟，等译. 生物学思想发展的历史 [M]. 成都：四川教育出版社，1990：62.

[4] 桂起权，付静，任晓明. 生物科学的哲学 [M]. 成都：四川教育出版社，2003：95.

[5] 达尔文. 物种起源 [M]. 周建人，等译. 北京：三联书店，1954：288.

[6] 迈克尔 J 贝希. 达尔文的黑匣子——生化理论对进化论的挑战 [M]. 邢锡范，等译. 北京：中央编译出版社，1998.

[7] 史蒂芬·梅尔. 细胞中的印记 [M]. 唐理明，等译. 北京：团结出版社，2009.

[8] 斯蒂芬 C 迈耶. 达尔文的疑问 [M]. 周妮娅，蔡颖，何悦，译. 重庆：果壳文化传播公司，2018：147.

[9] 郝瑞，陈慧都. 思维的生物 [M]. 北京：中国农业科技出版社，1999：6.

[10] 郝瑞，陈慧都. 生物自主进化论 [M]. 大连：大连出版社，2012.

[11] 理查德·道金斯. 盲眼钟表匠 [M]. 王道还，译. 北京：中信出版社，2014：23.

[12] 埃尔温·薛定谔. 生命是什么 [M]. 罗来鸥，罗辽复，译. 长沙：湖南科学技术出版社，2003：2.

[13] 吉姆·艾尔·哈利利，约翰乔·麦克法登. 神秘的量子生命 [M]. 侯新智，祝锦杰，译. 杭州：浙江人民出版社，2016.

[14] 柳振浩. 生命藏在量子中 [M]. 沈阳：白山出版社，2015：6.

[15] 路德维希·冯·贝塔朗菲. 生命问题——现代生物学思想评价 [M]. 吴晓江，译. 北京：商务印书馆，1999.

[16] 贝塔朗菲. 一般系统论——基础、发展和应用 [M]. 林康义，魏宏森，等译. 北京：清华大学出版社，1987.

[17] 罗伯特·谢尔德雷克. 生命新科学：形态发生场假说 [M]. 赵泓，译. 北京：社会科学文献出版社，2004.

[18] 余宗森. 关于狭义"气"的假说 [J]. 科技导报，2001 (3)：28.

[19] 中国科协学会学术部. 表观遗传学的发展现状与未来 [M]. 北京：中国科学技术出版社，2016：116.

[20] 何大澄. 一个细胞如何分裂出两个不同的后代细胞（不对称分裂）? 见 10000 个科学难题生物学编委会. 10000 个科学难题（生物学卷）[M]. 北京：科学出版社，2010：231.

[21] 阿·巴布洛阳茨. 分子、动力学与生命 [M]. 卢侃，译. 上海：上海三联书

店，1993.

[22] 艾根 M，舒斯特尔 P. 超循环论 [M]. 曾国屏，沈小峰，译. 上海：上海译文出版社，1990：304，369.

[23] 曾国屏，沈小峰. 超循环论. 见魏宏森，宋永华，等. 开创复杂性研究的新学科 [M]. 成都：四川教育出版社，1991：353.

[24] 诺布尔 D. 生命的乐章——后基因时代的生物学 [M]. 张立藩，卢虹冰，译. 北京：科学出版社，2010.

[25] Fred C Boogerd, Frank J Bruggeman, Jan-Hendrik S Hofmeyr, et al. 系统生物学哲学基础 [M]. 孙之荣，等译. 北京：科学出版社，2008.

[26] 佘振苏，倪志勇. 人体复杂系统科学探索 [M]. 北京：科学出版社，2012.

[27] 佘振苏. 复杂系统学新框架——融合量子与道的知识体系 [M]. 北京：科学出版社，2012：249.

[28] 张昀. 生物进化 [M]. 北京：北京大学出版社，1998：68，171，172.

[29] 胡文耕. 生物学哲学 [M]. 北京：中国社会科学出版社，2002：131，220.

[30] 罗伯特·玛格塔. 医学的历史 [M]. 李城，译. 广州：希望出版社，2003：34.

[31] 大卫·牛顿. DNA 结构发现者詹姆士·沃森与法兰西斯·克里克 [M]. 张国廷，译. 北京：外文出版社，1999：6.

[32] Attwood T K, Parry Smith D J. 生物信息学概论 [M]. 罗静初，等译. 北京：北京大学出版社，2002：3.

[33] 任仁眉，胡丹. 动物的智能 [M]. 北京：科学出版社，1990：2，5，67.

[34] 李曙华. 从系统论到混沌学 [M]. 桂林：广西师范大学出版社，2002：319.

[35] 杨继，郭友好，杨雄，等. 植物生理学 [M]. 北京：高等教育出版社，施普林格出版社，1999：164.

[36] 赛道建. 普通动物学 [M]. 北京：化工出版社，2006：194.

[37] Strohman, Richard C. The Coming Kuhnian Revolution in Biology [J]. Nature, Biotechnology, 1997, 15：194.

[38] 钱永军. 鸟儿的罗盘. 见刘德英，唐平. 生命之秘 [M]. 北京：科学普及出版社，2014：119.

[39] 王天仕. 人类生物学 [M]. 北京：科学出版社，2010：35，108，228，234，236.

[40] 拉塞尔·福斯特，利昂·克赖茨曼. 生命的节奏 [M]. 郑磊，译. 北京：当代中国出版社，2004：91，103.

[41] 翁诗甫. 傅里叶变换红外光谱分析 [M]. 第 2 版. 北京：化工出版社，2014：141.

[42] 陶慰孙，李惟，姜涌明. 蛋白质分子基础 [M]. 第 2 版. 北京：高等教育出版社，2002：216，254，258，277，327，328，334，358，364.

[43] 汪云九，等. 神经信息学——神经系统的理论和模型 ［M］. 北京：高等教育出版社，2006：432，436，495.

[44] 周天寿. 生物系统的随机动力学 ［M］. 北京：科学出版社，2009：9，134，168.

[45] 秀岛武敏. 生物体内的振荡反应 ［M］. 刘纯，石莉萍，王丽君，译. 北京：科学出版社，2007：8.

[46] 维纳 N. 控制论 ［M］. 郝季仁，译. 北京：科学出版社，1982：133.

[47] 詹姆斯·格雷克. 信息简史 ［M］. 高博，译. 北京：人民邮电出版社，2013：217.

[48] 胡文耕. 信息、脑与意识 ［M］. 高博，译. 北京：中国社会科学出版社，1992.

[49] 钟义信. 信息. 见自然辩证法百科全书 ［M］. 北京：中国大百科全书出版社，1994：640.

[50] 钟义信. 信息科学原理 ［M］. 第 5 版. 北京：北京邮电大学出版社，2013.

[51] 戴尧仁. 现代生物学概论 ［M］. 北京：中央广播电视大学出版社，1988：51.

[52] 翟中. 细胞生物学 ［M］. 北京：高等教育出版社，1995：25，30，289，295，382.

[53] 蔡谨，孟文芳. 生命的催化剂——酶工程 ［M］. 杭州：浙江大学出版社，2002：1，12，50.

[54] 郭勇，郑穗平. 酶学 ［M］. 广州：华南理工大学出版社，2000：2，60，87.

[55] 李贤均，陈华，付海燕. 均相催化原理及应用 ［M］. 北京：化工出版社，2011：2.

[56] 荣国斌. 高等有机化学基础 ［M］. 第 3 版. 北京：化学工业出版社，华东理工大学出版社，2012：97.

[57] 彭聃龄，卢春明，丁国盛，等. 语言与脑是如何进化的. 见 10000 个科学难题编委会. 10000 个科学难题（生物学卷）［M］. 北京：科学出版社，2010：488.

[58] 中国科学院图书馆编译. 生命的起源 ［M］. 北京：科学出版社，1973：17，32.

[59] 王文清. 生命的化学进化 ［M］. 北京：原子能出版社，1994：103，148，194，254，256，387.

[60] 刘次全. 生命的起源与蛋白质. 见 21 世纪 100 个科学难题编写组. 21 世纪 100 个科学难题 ［M］. 长春：吉林人民出版社，1998：569.

[61] 张自立，彭永康. 现代生命科学进展 ［M］. 北京：科学出版社，2004：1，14.

[62] 王亚辉. 生命起源的现代探讨. 见赵玉芬，赵国辉. 生命的起源与进化 ［M］. 北京：科学技术文献出版社，1999：152.

[63] 王德利. 进化生物学导论 ［M］. 北京：高等教育出版社，2009：63，70.

[64] 顾凡及. 脑海探险——人类怎样认识自己 ［M］. 上海：世纪出版集团，上海科学教育出版社，2014：191.

[65] 约拿单·威尔斯. 进化论的圣像——科学还是神话 ［M］. 钱琨，唐理明，译. 北京：中国文联出版社，2006：41.

［66］斯蒂芬·杰·古尔德. 自达尔文以来［M］. 田洺，译. 北京：生活·读书·新知三联书店，1997：230.

［67］詹腓力. "审判"达尔文［M］. 钱琨，潘柏滔，李志航，等译. 北京：中央编译出版社，2006：48.

［68］查尔斯·罗伯特·达尔文. 物种起源［M］. 赵娜，译. 西安：陕西师范大学出版社，2009：294，88.

［69］戚中田. 医学微生物学［M］. 第2版. 北京：科学出版社，2009：211.

［70］陆德如，陈永清. 基因工程［M］. 北京：化学工业出版社，2002：6，19.

［71］Shannon M Soucy, Huang Jinling, Johann Peter Gogarten. Horizontal Gene Transfer：Building The Web of Life［J］. www. nature. com/reviews/genetics, 2015, 16：472.

［72］黄秀梨，辛明秀. 微生物学［M］. 第3版. 北京：高等教育出版社，2009：222，330.

［73］蔡禄. 表观遗传学前沿［M］. 北京：清华大学出版社，2012：前言.

［74］Yao Bing, Kimberly M Christian, He Chuan, et al. Epigenetic Mechanisms in Neurogenesis［J］. Nature Reviews, Neuroscience, 2016, 537.

［75］王文清. 宇宙·地球·生命［M］. 长沙：湖南教育出版社，1998：101.

［76］邹承鲁. 第二遗传密码——新生肽链及蛋白质折叠的研究［M］. 长沙：湖南科学技术出版社，1997：154.

［77］王文清. 生命科学［M］. 北京：北京工业大学出版社，1998：187.

［78］Attwood T K, Parry—Smith D J. 生物信息学概论［M］. 罗静初，等译. 北京：北京大学出版社，2002.

［79］沈世镒，胡刚，王奎，等. 信息动力学与生物信息学——蛋白质与蛋白质组的结构分析［M］. 北京：科学出版社，2011.

［80］邵郊. 生理心理学［M］. 北京：人民教育出版社，1987：466.

［81］孙久荣. 脑科学导论［M］. 北京：北京大学出版社，2001：74，78，228，308，331.

［82］彭聃龄. 普通心理学［M］. 北京：北京师范大学出版社，2012：108，238，241.

［83］Sweatt J David. Mechanisms of Memory［M］. 2 ed. Elsevier Inc, 2010：253.

［84］迪克·斯瓦伯. 我即我脑［M］. 王奕瑶，陈琰璟，包爱民，译. 北京：中国人民大学出版社，2011：5，279.

［85］张卫东. 生物心理学［M］. 上海：上海社会科学院出版社，2007：182.

［86］潘瑞炽，薰愚得. 植物生理学［M］. 第3版. 北京：高等教育出版社，1995：70，267.

[87] 许国志. 系统科学 [M]. 上海：上海科技教育出版社，2000：128.

[88] 司传平，丁剑冰. 医学免疫学 [M]. 北京：高等教育出版社，2014：4.

[89] 郭赠军. 新药发现和筛选 [M]. 西安：西安交通大学出版社，2017：303.

[90] 王健. 神经生物学 [M]. 西安：第四军医大学出版社，2014：200.

[91] 诸葛连祥，何学诗. 针灸与气功 [M]. 北京：中央编译出版社，2008：15.

[92] 胡翔龙，程莘农. 金针之魂——经络的研究 [M]. 长沙：湖南科学技术出版社，1997：41，133.

[93] 佟秋芬. 中国针灸经络理论 [M]. 呼和浩特：内蒙古科学技术出版社，2000：277.

[94] 张维波. 经络是水通道 [M]. 北京：军事医学科学出版社，2009：218.

[95] 北京青年报，2011 年 8 月 24 日国内版.

[96] 夏基松. 现代西方哲学教程新编（上册）[M]. 北京：高等教育出版社，1998：251.

[97] 吉姆·艾尔——哈利利，约翰乔·麦克法登. 神秘的量子生命 [M]. 侯新智，祝锦杰，译. 杭州：浙江人民出版社，2016：99，355.

[98] 卢西亚诺·弗洛里迪. 计算与信息哲学导论（上）[M]. 刘钢主，译. 北京：商务印书馆，2010：25.

[99] 邬焜. 信息哲学——理论、体系、方法 [M]. 北京：商务印书馆，2005：38.

[100] 李东杰. 人有两套生命系统 [M]. 西宁：青海人民出版社，1997：168.

[101] 南怀瑾. 易经杂说 [M]. 北京：中国世界语出版社，1993：28.

[102] 谢强，卜文俊. 进化生物学 [M]. 北京：高等教育出版社，2010：32.

[103] 余宗森. 对科学的反思和批判 [M]. 北京：中国经济出版社，2009：325.

[104] 庞朴. 一分为三——中国传统思想考释 [M]. 深圳：海天出版社，1995：8，2.

[105] 庞朴. 浅说一分为三 [M]. 北京：新华出版社，2004：10.

[106] 艾平. 中介论——改革方法论 [M]. 昆明：云南人民出版社，1993：2.

[107] 聂暾. 两极论与中介论 [M]. 南昌：江西人民出版社，1997：27.

[108] 陈书栋. 矛盾基础论 [M]. 郑州：河南人民出版社，2006：13.

[109] 罗嘉昌. 从物质实体到关系实在 [M]. 北京：中国社会科学出版社，1996：14.

[110] 周学胜. 中医基础理论图表解 [M]. 北京：人民卫生出版社，2000：14.

[111] 樊启昶. 解析生命 [M]. 北京：高等教育出版社，2005.

[112] 马特·里德利. 基因组：人种自传 23 章 [M]. 刘菁，译. 北京：北京理工大学出版社，2004：15.

[113] 刘量衡. 生命真相 [M]. 长沙：湖南科学技术出版社，2012.

[114] 刘量衡. 物质·信息·生命 [M]. 广州：中山大学出版社，2004.

[115] 冯端，冯步云. 熵 [M]. 北京：科学出版社，1992：161，167.

[116] 陈蓉霞. 科学名著赏析（生物卷）[M]. 太原：山西科学技术出版社，2006：63.

［117］里查德·道金斯. 自私的基因［M］. 卢允中，张岱云，王兵，译. 长春：吉林人民出版社，1998：17.

［118］张建树，管忠，于学文. 混沌生物学［M］. 第 2 版. 北京：科学出版社，2006：149，108.

［119］Eric P Kandel. 追寻记忆的痕迹［M］. 罗跃嘉，等译. 北京：中国轻工业出版社，2007：181.

［120］李仁利. 病魔克星——药物化学漫谈［M］. 长沙：湖南教育出版社，2013：205.

［121］罗辽复. 经络的物理基础. 见罗辽复. 理论生物物理学论文集［M］. 呼和浩特：内蒙古大学出版社，1995：437.

［122］Christian Keysers. 镜像神经元：我们天生就合乎道德吗？见马克斯·布鲁克曼. 下一步是什么——未来科学的报告［M］. 王文浩，译. 长沙：湖南科学技术出版社，2011：13.

［123］丁超五. 易学科学探［M］. 上海：上海三联书店，1996：42.

［124］苏珊·格林菲尔德. 人脑之谜［M］. 杨雄里，等译. 上海：上海科学技术出版社，2012：68.

［125］陈剑，译注. 老子译注［M］. 上海：上海古籍出版社，2016：79.

［126］徐昌盛.《老子》译读［M］. 长沙：中南大学出版社，2016：46.

［127］洪登亮. 老子正辩［M］. 北京：中国古籍出版社，2016：107.

［128］保罗·戴维斯. 生命与新物理学［M］. 王培，译. 北京：中信出版集团，2019.

［129］顾樵. 生物光子学［M］. 第 2 版. 北京：科学出版社，2012：1.

［130］刘亚宁. 电磁生物效应［M］. 北京：北京邮电大学出版社，2002：绪论.

附录1　科学尚未认识到的生物编码信息[❶]

一

本文讨论的生物编码信息与生物为什么是活的问题有关。生物为什么是活的？是从古至今一直在争论的问题。生物与非生物有什么根本不同？简单的回答就在于生物是"活"的，非生物是"死"的。英文的生物是 Living Things，就指它们是"活"的事物。

现代科学是从研究非生物开始的，它在说明"死"物方面非常成功，在活的方面虽然也说明了很多问题，至今对生物研究得可以说很细了，已经到了 DNA 以下的层次，可是在生物为什么是活的这个根本问题上却仍然拿不出一个令大多数人信服的说法来。

生物为什么是活的问题自古就有，说明人类对涉及自身的这个根本问题的关切从文明一开始就有。在现代科学出现以前占主导地位的解答是有些宗教给出的，即上帝创造了万物。从科学角度看，这种说法缺乏根据。在古代，一些学者也给出了自己的说法。中国的《管子·枢言》中说"有气则生，无气则死，生者以其气"，这是中国主导的"气论"在生命问题上的体现。西方也有类似的说法，像西方医学的创始人之一盖伦就认为人体各部分都贯注着不同种类的元气。比盖伦更早的亚里士多德认为，生物是"能够自我营养并独立地生长并衰败的力量"。他认为，事物是形式和质料的统一，形式构成事物的本质，而生物的形式就是活力，即"隐得来希"（Enterlechy）。这既是生命活力论的滥觞，也是把具有自我运动本源的生物和那些需要原动者使之运动的无生物加以区别的二元论的开始。活力被认为是在生物体内一种

---

❶　这是作者 2019 年在《太湖春秋》杂志（内部刊物）发表的一篇文章，是对非专业的一般读者介绍什么是生物编码信息及如何说明生物为什么是活的问题。文章较通俗，作为附录，便于读者用较短的时间先了解一下生物编码信息的概要。

难以捉摸的、无法测量的激活生命的因素，是某种本能的或内在的"推动"或"驱动"，它是生命之所以被称为生命的本质。

17 世纪法国哲学家笛卡尔认为，除人类具有不变的灵魂外，其他生物本质上是一架高度复杂的机器或自动机。18 世纪拉美特利甚至提出"人是机器"，这是随着当时力学和数学发展而出现的论断，它把整体分解为部分，认为通过部分的整合就可以解释整体。在 17、18 世纪除了活力论和机械论外，还出现了还原论和整体论。前者认为生命系统本质上没有不同于物理和化学规律的规律，生命过程可以通过较低层次的理论分析得到说明；后者强调生命不同于非生命的本质特征在于它的整体性，整体比起其组成部分会"突现"某些新的性质，离开有机整体就不能充分解释其局部功能。还原论倾向于机械论，整体论与活力论有时难以区分。

无论是机械论还是活力论，是还原论还是整体论，都有其信仰者，认为它们信仰的学说解决了生命为什么是活的问题。可是活力论在科学上拿不出证据；生物的许多问题还原论和机械论还说明不了；整体论提出了"突现"的问题，但是提出"突现"并不等于说明问题，必须从科学上加以阐明才行，可是整体论还没有完全做到这一点，因此至今还没有一个被大多数人接受的说法。

到了达尔文，他明确表示，在《物种起源》一书中不讨论生物起源的问题。关于这一问题，他只在一封信中做过简单的推测。

随着 20 世纪 50 年代 DNA 的发现，有人认为生命问题从此得到解决。但实际上 DNA 只解决了生物的特性和遗传问题，虽然这是生命的一个重大关键问题，可是仍然没有说明生物为什么是活的这一根本性和全局性的问题。

与 DNA 发现的同时信息问题也进入了科学的视野。信息以前只作为通常的信息或消息来理解，自从香农在那时提出通信的数学理论之后，随着通信技术和计算机技术的发展，信息科学飞速发展，影响遍及科学的各个领域，以致人们提出人类社会进入了信息时代。在生物学界，对生物的诸多问题也加入了从信息科学角度的理解。譬如对 DNA，认为它带着组成生物的全部信息，再如酶的活动也是携带着信息等，信息概念引入到生命科学，深化了对生命的理解，不过在内容上至今并没有增加什么新的东西，生命的本质仍然说不清楚。

二

谈生命的本质，先要明确它与非生命的区别在哪里。

定义生命并不容易，看来与生命包括物质和精神两个方面有关，而精神方面正是科学的弱点。以致曾有生物学家认为不用定义也不妨碍生物学的发展。现在往往以生物的基本特征来代替定义。生物的基本特征包括它的特殊的组织形式、能生长、发育、繁殖、运动、适应、可以新陈代谢等。随着科学技术的发展，上述这些特征都得到了深入细致的研究，可以说每个局部都已经搞得相当清楚了，可是整体来看，生物为什么能如此，也就是生物为什么是活的，还是说不清楚。因为上述生物的基本特征，是生物不同于非生物的基本表象，但表象代替不了对原因的说明。今天探索的方向好像略有改变，现在一般认为人类尚未解决的几大基本难题里并没有生物为什么是活的问题，而是生命的起源问题，看来基本思路是想从生命的起源来解决这个问题。

在我看来，上述生物的基本特征分别来说，非生物也可能有，像非生物的晶体就具有生长、发育、繁殖的能力；只要有能量供应，非生物也能运动；外界条件改变时，非生物也有一定适应能力；像一些非生命的耗散结构，也有新陈代谢的特点。当然，生物具有把上述能力综合在一起的特性，具体表现也与非生物有所不同，但是只罗列这些特性并非对生物的准确描述。

我认为，生命与非生命的根本区别在于它活动的主动性和目的性，而二者是互相联系着的。生命可以说是一种为存在而存在的动态结构，它的活动说明它是"活"的，但活动并不是盲目的，而是有目的的，它的具体目标是食物，对有性生殖的生物还有一个目标是异性。它寻找食物和异性的目的是为了自己的生存和物种的延续。换句话说，生物活着的目的就是为了活着，包括自己的物种活着。这个活动与非生物不同的特点是它是主动的。非生物在有能源供给时可以运动，但是没有自己的目的，或者只是外界施加的目的，当能源断绝时它也没有自己去找能源以维持自身运动的"愿望"。要说明生物的本质特征，就必须说明生物求生的主动性和目的性。生物并非没有一些其他次要的活动，小自由还是有的，但这些活动或是为达到上述目的而必须的次要活动，譬如捕食，它必须学会克服一些环境的障碍，此外也不排斥它有一些无目的的自由活动，但是是次要的、衍生的。对于人类，它的目的可能超过食物和异性，但归根结底，食物和异性仍然是第一需要。

三

经过多年的学习和思索，我"悟"出一个道理，即生物"活着"的特征与信息有关，特别是与生物特有的信息有关。

举一个例子，一支停留在山中的队伍，接到上级的书面命令，叫它上山，于是队伍就奉命上山；又接到新的命令，叫它下山，于是它就奉命下山。由此可见一纸书面信息的效力。而两次命令的区别就在"上""下"两个字上。上下两字的笔画数相同，区别只在于一个横在下，一个横在上。它们两个的区别既不在所用的纸和笔，也不在写字消耗的精力，区别只在于笔画的位置。换句话说，它们所消耗的物质和能量相同，区别只在于"信息"。当然，一般的信息要较此复杂。这个例子只是要突出信息的作用，正像控制论和信息论的提出人之一的维纳所说的"信息就是信息，不是物质也不是能量"。像"上""下"这样的信息不只可以用书面传达，也可以用口头传达，还可以通过电话、电报等诸多形式传达，效果一样，这也说明了信息独立的一面。

但信息产生作用要有一个必要条件，就是信源和信宿要有共同"语言"，信宿要能"理解"信源传来的信息，就是说，信息到了信宿处要能发生"响应"，信息才能起作用，否则就是无用信息。

信息能够传递，说明它可以脱离信源，并且在信源没有改变前可以无限制地发送信息，而不引起自身的改变。在不发送信息时，事物（信源）的信息潜藏在事物里面，与组成事物的物质、能量和结构是一回事。无机物与无机物直接相互作用时（例如，碰撞），信息与物质和能量一起到达，显不出信息的作用。发生间接作用（例如，通过声、光介质）时，由于传递的是非编码的简单信息，被混在介质谱线里，因此科学长时间没能注意到信息。

生物不一样，生物传达的信息是复杂信息。有的信息看似连续，但基本上都可以归为编码，是编码信息。高等一点的动物，基本上都有视觉和听觉，特别值得需要指出的是，它们都是靠电磁波（光波）和声波传递的间接信息，而不是像触觉、嗅觉（被嗅分子触及鼻端）那样的直接信息。但在信息的意义上来说，声光这样的间接信息比其他直接信息更为重要。因为像人90%以上的信息都是从视觉获得的，而听觉则是生物与生物之间在一定距离外互相通信的手段。现代科学仪器已经可以把这些光波和声波携带的信息抽出、分析为编码，但是一个很复杂的过程。

光波和声波携带的间接信息作用有时可以很大。例如，一个人遭车祸死了。他的亲人见状悲痛欲绝，号啕大哭，其实他的亲人本身并没碰到车，他们的悲痛所引发的一系列生理和心理反应完全是由于看到和听到的间接信息所引起的，这些反应属于一系列生物化学和生物物理学的反应，因此可以说在生物体内和体外，信息可能引发生物化学和生物物理学反应，这不是明显的事实嘛？因此，一般讲化学反应速率 $v(t, p, \mu)$，t、p、μ 分别代表温度、压力、组元。在有酶的场合，还要加上酶作为一个因素，由于没有认识到信息的作用，这里并没有信息的份。其实，在生物化学反应中，有时需要加上"信息"这个因素，即 $v(t, p, \mu, 信息)$，而酶也可以归在信息里面。像车祸这样剧烈的事情并不经常碰到。但人们经常用谈话来传达信息，传达的结果会使人做出活动，这些活动就是信息引发的。信息的作用也经常发生在其他生物之间，像犬类等兽类彼此之间不能双目对视（它们对人也一样），双目对视就意味着敌意，意味着它们体内会相应地发生各项生物化学和生物物理反应，具体包括血脉亢张等一系列生理和心理反应，目的是准备战斗。总之，信息在生物体内的作用比比皆是。但奇怪的是，这些每天发生在每个人鼻子底下的事科学却一直没有注意到。其实生物化学研究的化学反应很多是信息引发的，但生物化学只研究其中的化学反应而忽略了信息的关键作用。科学之所以忽略了信息的作用也不难理解，因为正像维纳讲的，信息不是物。上面谈到，对于非生命物质的信息，在没有脱离它所属的物质和能量时它显不出来，在物与物直接作用时可能表现为化学和物理作用，这些作用可以用化学和物理学加以说明，不必讲什么信息。当它脱离了它所属的物质和能量成为间接信息而传至其他无生命物质时，由于没有生物之间的那种"响应"，它或者没有作用，或者是混在介质谱线里的简单作用，这些简单作用是物理学可以发现和说明的。这里没有生物编码信息，自然也涉及不到生物编码信息的"语义"问题。在这种情况下，只是物理学和化学就可以给这些作用以全面和圆满的说明，不需要什么另外的"信息"的参与。但是在生物与生物之间，以及在一定条件下生物与某些非生物之间，会发生生物编码信息的交互作用，后者是前者衍生的。由于科学仪器属于非生物，它不可能与生物发生生物编码信息的"响应"，因此不可能检测出生物编码信息的作用，就像我们很容易在众多的人群中很快找出我们熟悉的人，很容易在电话中辨别出我们熟悉的人的声音。科学仪器却长时间做不到这一点，现在即使做到了，也要花费很大的力气。因为人的这个能力是靠生物编码信息的响应，而科学仪器则要靠大量的分析与综合。综合上述原因，科学始终没有发现生物信息的这种特殊作用，尽管它每天发生在我们鼻子底下，但与此同时又有许多问题解释不了。譬如像生物中的众多的酶，人们都知道，没有酶的加速作用生物体内的许多反应没法进行，生物根本活不了。但是为什么有那么多种起单一特殊作用的酶，在需要的地方会在适当的时刻出现，就是一个现在生物化学说不清或者不说的问题。而从生物编码信息的角度来看，这可能是不同生物编码信息的特异性响应引起的吸引造成的。

四

生物的主要组成是核酸、蛋白质、糖和脂类。其中核酸和蛋白质是组成生命的基本构成物。核酸包括 DNA 和 RNA。核酸主要负责遗传和调控，它按照三联体密码关系选定氨基酸，氨基酸再组成蛋白质、形成生物的结构并执行生物的诸多功能。

很明显，核酸与核酸之间、蛋白质与蛋白质之间、核酸与蛋白质之间都有相互吸引的作用。随着生物的进化，生物的个体越来越大（当然也有少量变小甚至消亡的），核酸和蛋白质的链也越来越长。像真核生物，据生物界接受的学说，它的核与核外物质是由不同微生物组合进化而成的，没有以吸引为主的交互作用这些现象都不会发生。当然，这里也有排斥作用，但是是次要的。这些吸引和排斥都具有特异性的特点，三联体密码就表现出这种特异性。我认为，这种吸引和排斥与原子之间和分子（包括生物大分子）之间的吸引与排斥不同，是随着生物大分子形成链状化合物后生成的，是一种新的生物大分子"基团"之间的相互作用。这些线状大分子和单个原子、分子具有振动一样，也有自己的振荡。为什么说是振荡而不是波动，是由于组成每个线状大分子的结构不同（不是均匀介质）、长短不同、同时以不同的三维甚至四维的形态纠缠在一起，因此它们的振荡很复杂，即使一个线状分子的不同线段其振荡也可能不同，很难用波来表示。这种振荡需要能量的支持，并构成了生物体的各种组织和器官宏观振动的基础。像生物体内的分子钟、心脏的跳动、肺的呼吸、胃的蠕动等都是核酸和蛋白质以及与它们结合在一起的糖或脂类形成的线形大分子振荡的宏观表现。这些线形大分子的振荡可能因彼此直接接触而互相影响。振荡还能通过各种介质传递，体内的介质包括各种组织和体液，体外包括光波和声波等。通过体内和体外的介质传播的振荡，遇到与它能发生特异性响应的其他线性大分子时则会发生交互作用，产生吸引或排斥。这种作用并不一定发生在线形分子的整体上，而只发生在局部。在体内这种交互作用推动了各种酶的产生，到达起作用的地点，推动酶和底物的接触。在体外则通过光波和声波的携带与其他生物发生特异性的响应，而这种生物间编码信息的交互作用在决定生物为什么是活的问题上起了关键作用。

　　上面讲到生物"活"的主要活动就是为了"活"，包括自己活和物种的延续。"活"的主要内容就是寻找食物和异性，以及逃避捕捉。现在一般的说法是肚子饿了，胃里发出信号，促使生物去找食物。生物到了青春期，性激素促使它去找异性。这只是从生物个体本身去说明问题。可是非生物的汽车没油了，油表上已经显示出来，但是汽车并不会主动去找汽油。这种解释忽略了作用的对方，生物去主动找食物和异性的原因在于食物和异性对它有吸引力，从这个角度来看其实它是被动的。每个生物都有主动和被动两个方面，它找食物和异性是主动的，它被捕食它的动物找则是被动的。每个生物对其他生物都有吸引和排斥两个方面，其原因就是线形分子振荡引起的特异性响应。具有吸引和排斥两个方面是由于个体里具有诸多线形分子的复杂性。有时二者以吸引为主，有时则以排斥为主。例如，父母和子女的关系是以吸引为主。捕食者为它的食物所吸引，而作为它捕食对象的生物则对它有排斥作用（植物由于不能动，所以排斥作用虽然有，但很微弱）。群居动物平时彼此以吸引为主，但食物不够时则以排斥为主。这当然是一个极端简化的归纳，实际情况要复杂得多，但本质就是如此。即从化能异养型微生物和植物开始，形成了复杂的生物吃生物的食物链，这种以吸引为主的交互作用在吃到食物时会有一时地减缓，但同时解决了物质和能量供应这个根本问题。吸引与排斥是保持恒常的。生物对食物是有选择的，不是什么都吃，是有特异性的，当然选择的形成与进化有关。具有性生殖的生物在青春期相互吸引的作用增强，对人类来说这种作用来得"糊里糊涂""说不清楚"，因为这种作用是无形的，有些作用是主观感觉不到和意识不到的。前面说过生物与非生物的本质区别在于生物的主动性和目的性，其背后的作用就是这种生物编码信息引起的以吸引为主的吸引与排斥。一方面是它在生物个体体内起作用，像各式各样的酶以及其他一些有关活动在动、植物和微生物体内起作用，没有酶生物就不可能"活"。另一方面则是生物个体与个体之间的间接生物编码信息的作用，主要表现为生物的食物链，它体现了生物的主动性和目的性，也就是特异性。这就是生物为什么是活的问题的回答。笛卡尔认为"我思故我在"，借用笛卡尔的形式可以说，生物活的原因是"我们在故我在"，这里的"我们"是指生物界全体。同时这也说明，就算把个体研究得多么细致深入，如果忽略了个体与个体之间的关系，也是得不出生物为什么是活的答案的。

在这个解释里并不否认生物化学和生物物理学研究的生物活动的所有细节，但是补充上了细节背后的原因。正像研究人的跳跃，人的跳跃向上总要费力，最后要自动回到地面，你可以研究跳跃的力学，但后来牛顿告诉你，这背后的原因是万有引力。生物编码信息就有点像万有引力，但是只发生在能发生特异性响应的生物线状大分子之间。它也可能出现在线状大分子与非生物之间，这是由于巴夫洛夫的条件反射作用。这些非生物或是带有生物的信息，就像一张彩色斑斓的食品广告能让你冒口水，一个影片能让你涕泪纵横一样，或是睹物思人，见景生情。

虽然提出生物编码信息，但是我们现在认识到的还只有核苷酸和氨基酸之间的三联体密码关系。不过已有若干学者提出，在另外一些生物大分子现象之间也可能存在着密码关系。而生物编码信息指出，密码关系应该是普遍现象，因此下一步的任务就是要找出这些关系，使生物大分子关系的研究进入"语义"阶段。

生物编码信息给人的身体和精神的关系提供了一个说明，精神所负载的主要内容就是信息，包括编码信息。精神的作用在于储存、编辑和运用这些信息。而这些信息的基础则是物（包括场）。虽然信息不是物，但没有作为身体的物为基础，信息不可能存在；反过来，信息对物质运动形态的调控又起到了决定性的作用。

生物编码信息的研究，对一直存在鸿沟的自然科学和社会科学也提供了一个共同的理论基础。人类社会的基础是人，人与其他生物一样，也具有由线状生物大分子带有特异性的相互吸引与排斥，其根本目的也是人个体的存在和物种的延续。不过人类的许多目的已远远超过这一点，但其活动主要靠的还是信息的发展和运用，而生物编码信息则是其基础。

　　对此有兴趣的朋友可进一步阅读即将出版的《生物为什么是活的——论生物编码信息》一书。

附录2 生物科学的另一种研究纲领●

自 20 世纪中叶 DNA 被发现以来，生物科学取得了飞跃的进展，以致有些人预言 21 世纪将是生物科学的世纪。基因组织的发现和破译给生物科学的发展带来了巨大的可能性。与之相伴的生物工程所具有的巨大经济和社会效益更引起了各国政府和社会的高度关注，以至于基因科学和工程成为当代生物科技研究的中心。但我认为，仅仅以此为中心是失之偏颇的。

一、生命起源及"微观演化"研究何以迟迟不能突破

以基因为中心的生物科学的进步主要靠的是生物学与物理和化学的交叉与融合。现代的物理和化学的理论与分析手段在其中起着关键的作用，体现了肇源于西方的现代科学长于分析的特点。它把生物分解到分子和原子层次，在微观层次上阐明了生物的组织和功能的许多问题。

但是应该看到，尽管基因是生物科学的核心问题之一，但还不是生物科学的全部。相对于基因研究的进展，生物科学还有一个核心问题自达尔文以来进步还不够大，这就是生命的起源和进化问题，特别是生命是怎样由非生命演化出来的，极其微小和简单的生物又是怎样演化成宏观尺度的复杂的多细胞生物的。

限于当时的科技发展水平，达尔文在他的《物种起源》一书中明确表示，他的书不讨论生命起源问题[1]。达尔文对物种演化的讨论主要限于宏观可见的生物。在宏观生物出现以前，地球上生命从无到有，从单细胞发展为多细胞，从无性繁殖发展为有性繁殖，至此时，包括复杂生命的基本特征均已具备，这是生物演化的最关键和最长的阶段。但是有关这一阶段的研究至今尚未取得突破。上述几个关键问题仍无令人满意的答案，甚至没有答案，生命之谜仍未破解。

有关生命起源的研究自达尔文以后有了一定进展。有代表性的开拓性研

● 这是作者 2003 年发表在《科技导报》第 5 期上的一篇叫作《生物科学的另一种研究纲领》的文章。这篇文章是在作者发现生物编码信息以前写的。附录在这里是请读者了解作者对整个生物进化过程的猜想，同时也可以看到生物编码信息发现前作者的思路历程。

究可以参考 20 世纪 50 年代 Miller 所作的模拟原始地球条件下的放电实验；Oparin 和 Fox 两个学派关于生命起源的假说及相关实验[2,3]。他们及他们之后的若干研究工作表明，在模拟原始地球的条件下，可以生成组成生命的多种氨基酸、嘌呤和嘧啶，甚至还可以生成长度不大的多肽。但是对这些无生命的有机化合物如何转化为生命，团聚体为何会表现出生命的初始征象，这些研究均语焉不详，未能给出一个明确的机制。至于生物如何由单细胞发展为多细胞，由无性发展为有性，更是很少有人涉及了。

我认为，生命起源和"微观演化"研究迟迟不能取得突破的根本原因在于还原主义的思维模式自觉或不自觉地主导着当前生物科学的研究。

生物学研究由于物理学和化学工作者的介入，与半个世纪以前比较起来可以说发生了翻天覆地的变化。生物化学、生物物理和分子生物学的建立和勃兴，证明把生物分解到分子和原子层次，并用物理学的理论和方法加以研究，可以给生物学带来重大的突破。但是与此同时，人们却忽略了问题的另一方面，即生物与非生物有本质的区别。从非生命演化为生命，其间必然会出现一些新的现象和规律，而当把生物分解至分子和原子层次时这些现象和规律必将不复存在。为了把握这些在生物层次上才存在或表现明显的现象和规律，必须建立相应的思路和手段，并以之为向导，探讨生命发生和演化的本质。

二、炁场假说和"微观演化"的主要过程❶

综观现有的实验和研究结果，我提出以下假说。这个假说的核心是：由于氨基酸和核酸碱基的对称破缺，在外能源的作用下，形成了一种我称为炁

---

❶　"炁"同现在的"气"，古代中国认为世上一切均由"炁"组成，与古代西方认为一切均由"物"组成恰成对照。作者在稍前的另一篇发表在《科技导报》的文章《关于狭义"气"的假说》（2001 年第 3 期）里，把人们尚未认识到的、形成生物的动力定义为狭义的"气"。所以提出狭义的气是因为中国"气"的概念内涵太广，而形成生物的动因显然只是其中的一部分。当时作者设想，由于氨基酸和核酸碱基的对称破缺，故在外能源的作用下形成了一种作者称为炁场的作用场。由于这一生物场的吸引和排斥作用，促成了生物由无到有，由简单到复杂的转化。作者设想它可能是一种人们尚未认识的特殊电磁场，例如，是紫外线与肽链中的氨基酸残基、侧链和核苷酸碱基对的偶极子型静电势分布的交互作用产生的。当时还想不到生物信息的作用。不过这两篇文章明确指出，我们解释不了生物为什么是活的问题是因为有的东西我们还没有发现。同时这两篇文章也指出了后来的生物编码信息的一些特性，从中可以看到发现生物编码信息的思路历程。故把第二篇文章附录在此，供读者参考。

当然，本书讲的生物编码信息的概念与当时提出的狭义"气"的概念有很大不同。不过当时提出的关于生物进化过程的许多猜想，我认为还是有效的，只不过其动因现在要由生物编码信息来说明。

场的生物场（炁读音"气"，在古代"炁"和气相同）。由于这一生物场——炁场的吸引和排斥作用，促成了生物由无到有、由简单到复杂的转化。这个炁场伴随着生物这一"有组织"的"聚集体"的建成、增长而明显出现，并相应由弱变强、由简单而复杂。至今研究的诸多生物化学和生物物理反应，有相当一部分是凭借这一炁场作为基本的"构架"或"平台"才得以进行的。

对可以设想的"微观演化"的主要过程可大体表述如下（此处"微观演化"的意义与现在进化论所说的"微观演化"意义不同）：

（1）正如有关模拟实验已经证实的那样，组成生物的氨基酸和碱基在原始地球条件下可以生成。

（2）氨基酸分子具有很低的对称性。由于它们的结构特点，在适当的条件下氨基酸可以缩合形成多肽。但根据热力学估算，肽的长度不会太长[2]。根据 Fox 等人的模拟实验所生成的热聚类蛋白分子量也只在 3000~11000 范围内[3]。

（3）在氨基酸缩合成为肽链的过程中，手性对进一步的发展起了关键作用。由于对称破缺的特性，单一手性的 α 氨基酸组成的肽链在外来能源的推动下，建立起明显的成为炁场的生物场。这种炁场的"热"对周围的同一手性的氨基酸形成了吸引力。这个势场可称为"食势"（英文可译为"Food Potential"）。炁场排斥与它手性不一的氨基酸。由于至今还不清楚的原因[4,5]，由 L 构型而不是 D 构型的氨基酸构成生命的最基本单元。炁场具有涡流的特性，其强度随肽链长度的增加而增强。肽链借其炁场吸引周围的 L 氨基酸，形成远比热力学估算更长的肽链。由于炁场的作用，肽链形成右手的 α 螺旋，并在以后促成 DNA 链的右螺旋和右旋的超螺旋[6]，这是形成生命的最初始自催化作用。

（4）炁场的形成需要外来能量。在原始无氧或少氧的条件下原始生物取得能量的方式可以有如硫呼吸等的厌氧呼吸方式，但从演化的观点看我认为更为重要的方式可能是从水中或水陆交界处的肽链吸收远比现在强的紫外线，这可能是生物光合作用的最原始形式。因为圆偏振光作用在简单的平板上就会有相应的力矩作用[7]。紫外线可以杀伤生命（这是现在生物物理学讨论较多的）。可以想象，接受适当强度的紫外线的肽链会有偏振光引起的力矩与其偶极距起作用。这大概是一种低效率的吸能方式，同时只能在白天有。

（5）在不同条件下生成的肽链由于其氨基酸的组成和排列顺序不同，形成了生命从一开始就有的"与生俱来"的多样性。肽链在增长的同时会因水解或其他原因使有的氨基酸从肽链上脱落或造成肽链的断裂。肽链的加长、合并和缩短、断裂形成了生命最初的代谢过程。换句通俗的话说，此时肽链"吃"的是氨基酸，"拉"的也是氨基酸。当缺乏紫外线照射，或是周围没有足够的氨基酸供应，或是食势强度不足以吸引周围氨基酸加入其肽链时，肽链的分解过程将占主导地位。随着肽链的缩短分解，其炁场会相应减弱以致基本消失，从而导致最终"死亡"。

（6）以上的讨论均未涉及氨基酸侧链的作用。这些侧链对炁场的形成也有作用，但是是次要的。不过不同的侧链却带给炁场以复杂性。有些侧链彼此间的作用与作为整体的炁场相反，是互相排斥的。不同的侧链引发了各种复杂的生物化学反应。

（7）螺旋形肽链所具有的炁场不但吸引周围的 L 型氨基酸加长自身，同时还吸引了一些 L 型氨基酸在自己的周围。这些氨基酸彼此间的连接不像肽链那样有序，有的形成短的 α 螺旋，有的形成 β 折叠，因此它们不具备主肽链那样强的炁场，甚至对主肽链炁场起一定的"屏蔽"作用。这些在主肽链周围的氨基酸形成了细胞膜和酶的最原始形态。

（8）嘌呤与嘧啶 A 和 T（U）、G 和 C 很容易借氢键结合。这种结合使形成的碱基对处于更稳定的形态。肽链的炁场与嘌呤和嘧啶形成的炁场互相也有吸引作用。但由于嘌呤和嘧啶的结构和对称破缺特性与肽链不同，它们炁场的特性也不相同。当肽链周围有嘌呤和嘧啶时，它们会吸附在肽链上。不同的嘌呤和嘧啶组合与肽链上不同的氨基酸组合吸引力的大小是不同的，有的强一些，有的弱一些。经过长期的选择和淘汰，逐步形成了比较固定的碱基对和氨基酸组合的对应关系。这是一个进化过程[4]。碱基对和碱基对借在肽链上的吸附也形成了线性的排列，它们的炁场与肽链的炁场在一起形成了复合的炁场。由于组成线型碱基对的碱基只有四种，并且成对存在，它们的组合方式数目少于氨基酸的（尽管原始生命的氨基酸可能少于现在的 20 种，但远多于碱基的 4 种），因此线性碱基对能够更为稳定地承载整个肽链——线性碱基对的信息，并增加了肽链的稳定性。二者的平衡决定了细胞的尺度，并相应减弱了肽链和碱基对吸引外来氨基酸和碱基的动力。各种条件决定了碱基对链的长大速度远小于肽链的长大速度。依附在肽链上的碱基对链对肽链的食势形成了制约，使食势围绕着一个准平衡值作周期性地波动，即当肽链丧失的速度大于其生成速度时，食势增大，从而加速补足肽链的丧失；而当肽链的增大于准平衡值时，食势减小。

（9）经过了长期和复杂的演化，线性的碱基对扩展成为 RNA 和 DNA。根据模拟原始条件下的实验结果看，组成 RNA 和 DNA 的核糖（以及组成生物体的脂类）应是后来衍生的。发展到后来可能形成像赵玉芬提出的磷酰化氨基酸介导的寡肽和寡核苷酸共起源的偶联机制[8]。当然，由线性碱基对进化为 RNA 和 DNA，炁场的特性也起了相应的变化。在生物一旦获得 ATP 这样的高效率能量转换中介物后，仍采用原来低效率能量转换机制的生物在生存竞争中将逐渐被淘汰和消灭。淘汰的结果是后来只剩下采用 ATP 的生物，以致今天像细菌这样的低级微生物都采用 ATP 机制。这一能量机制的转换对生物的发生和分化势必起了巨大的推动作用。

（10）加长的肽链或肽链——DNA（RNA）复合体自然是弯曲的。肽链弯曲形成的二、三、四级结构与肽链中氨基酸的组成、排列顺序和外界环境有关。由于弯曲，作为矢量场的肽链或肽链——DNA（RNA）复合体的炁场就更为复杂。在这个炁场内，既有吸引的作用，也有排斥的作用。但总体上吸引仍是主要的，从而使肽链或复合体团聚在一起。

（11）当成长的 DNA 两端碰头时，就形成环状 DNA，此时 DNA 与其对应的蛋白质处于比较稳定的状态，成为单细胞生物。

（12）有的核酸与蛋白质形成的复合炁场很强，可以吸收周围的氨基酸在原有的核酸-蛋白质复合体外形成蛋白质，这是真核细胞的雏形。核酸-蛋白质复合体也可以与别的核酸-蛋白质复合体相互吸引、合并。二者的核酸也可能合在一起。像 Margulis 提出的线粒体内共生起源的学说[9]也属于这种情况。

（13）DNA-肽链复合体的炁场可以吸引周围的氨基酸在自己的周围形成新的蛋白质，使细胞长大。当蛋白质长大到一定程度时，蛋白质炁场对 DNA 的吸引力超过联系碱基对之间的氢键时，碱基对将在其最薄弱处（例如，富含 A-T 键处）首先断开，促成 DNA 的复制，并进一步使成对的 DNA 断开。随着这一"裂纹"的扩大，带动周围的蛋白质也一分为二，这个过程就是有丝分裂。这种分裂对成对的碱基来说，是比较精确的一分为二。对于蛋白质来说，取决于炁场，也可能是对称的一分为二（裂殖），也可能是不对称的

（芽殖和孢子生成）。

　　细胞的有丝分裂有些像塑性钢棒的断裂。圆柱形的钢棒在拉力作用下首先是伸长，当外力达到一定程度时在钢棒中心处的外来夹杂物开裂，开裂引起的应力集中使裂纹进一步扩大，钢棒中部的断面进一步缩小，形成"缩颈"，缩颈小到一定程度时钢棒沿缩颈处断开，一分为二。使钢棒一分为二的动力是外加拉力，而使生物有丝分裂的动力则是不断长大的蛋白质所形成的互相排斥的炁场。

　　（14）DNA复制的动力来源于没有成对的单个碱基链。它的炁场对周围未成对的碱基链和单个碱基形成明显的可称作"性势"（英文可称为 Sexual Potential）的势场，即未成对的单个碱基链对其他未成对碱基链和碱基彼此之间有很强的吸引力。当周围有未成对的碱基链或碱基供应时，单个碱基链将吸收它们，成为碱基对。

　　（15）通过有丝分裂形成的两个细胞如果二者之间的炁场基本上没有吸引作用，则两个细胞将单独存在，即由原来的一个单细胞生物变成两个独立的单细胞生物；如果两个细胞之间的炁场仍有吸引作用，则两个细胞仍以一个整体存在。这就是多细胞生物的开始。

　　（16）随着多细胞生物的生成，每个细胞的环境将不尽相同。有的细胞处于表面，处于内部的细胞则为周围细胞所包围。当表面等处的某一细胞为其余细胞的复合炁场所排斥，从而脱离整体时，多细胞生物的生殖过程才算形成。

　　（17）有性生殖是在生物细胞发展到相当复杂程度以后才发生的，其推动力来源于减数分裂发展起来的性势。由于细胞分裂对蛋白质分配的不对称，蛋白质含量多的细胞的炁场吸引蛋白质少的细胞，使两个作为配子的细胞彼此融合，并使每个配子中的未成对 DNA（RNA）链彼此合并成为成对的 DNA（RNA）链。这就是有性繁殖的开始。可能初期是同配的，以后发展成为异配的。

　　（18）作为生物催化剂的酶是生命的不可缺少条件之一。酶具有专一性强、效率高和条件温和等特点。但酶本身又是生命活动的产物，其化学组成主要是蛋白质或核糖核酸 RNA。尽管酶真正起催化作用的只是它们的活性部位或辅助因子，其化学反应发生在为数不多的原子尺度范围内，但酶的其他部分也是不可或缺的。

例如在双成分酶中，单纯的酶蛋白或酶 RNA 都不呈现酶活性，单纯的辅助因子也不呈现酶活性，只有二者组成全酶时才呈现酶活性。对酶的这种"集体作用"还可以举两个类似的例子。一个例子是 Fox[3] 在 20 世纪 70 年代总结当时氨基酸混合物和聚合物催化作用的研究结果时就已发现，氨基酸聚合物的分子量越大，它的活性就越高。另一个例子是免疫作用中的抗原[10]。抗原是蛋白质分子、结构复杂的核酸和多糖。小分子物质（如氨基酸、脂肪酸、嘌呤和嘧啶以及单糖等）通常没有抗原性，一旦与大分子载体结合成复合物时，即可获得抗原性。若将大分子的蛋白质水解成相对分子质量较小的短肽，抗原性将失去。从理论上说，酶发挥作用的必要条件是作为一个整体的酶的趋近和定向效应[11]。是什么动力在适当的时机驱动适当的酶到适当的地点发生催化效应呢？答案显然不可能是少数几个原子在反应处的交互作用，而只能是酶与底物炁场的相互的净吸引作用。由于酶复杂炁场的专一性，使许多无机物只能在高温等极端条件下发生的化学反应，在生物体内室温上下只需很少的能量就可以高效率地发生。还可以设想，不但酶发生作用离不开适当的炁场，酶的产生也离不开适当的炁场。

三、对上述假说和过程的讨论

（1）以上的假说尽管十分粗糙，但它对生物如何由非生物产生、单细胞生物如何进化为多细胞生物、无性繁殖如何进化为有性繁殖、酶的作用等至少提供了一个可一以贯之的说明。而对上述几个微观进化的关键问题，可以说，理论界至今没有很好的说明，或是连问题都还没提出来。

（2）这一假说的核心是，由于氨基酸的高度对称破缺以及可以形成肽链的特性，单一手性的肽链在外来能量的作用下能够建立起明显的炁场。这种具有自组织特性的炁场使肽链加长，并吸收与氨基酸具有不同对称破缺特性的碱基和碱基对，在肽链上形成碱基对链。碱基对链以后又进化成为 DNA（RNA）。与此同时，此复合体的炁场强度和复杂性也相应增加。炁场的吸引和排斥作用对生物的微观进化起了关键作用（炁场的排斥作用不只是由某些氨基酸的侧链所引起，更多的是由于吸引作用的差所引起）。炁场具有涡流的特性，它不但导致了蛋白质和核酸的许多螺旋结构，其吸引与排斥也具有螺旋的特性（例如，有的排斥作用可表现为解旋）。

（3）炁场的存在并不否定任何现在已经发现的生物化学反应，也不排斥上述炁场的特性有一部分未来可能从生物化学和生物物理的新发展中得到说明。但是炁场的特性有很大一部分是现在分子生物学说明不了或至少是现在尚说明不了的。而反过来，炁场恰恰提供了一个"平台"，使现今已知的生物化学和生物物理反应得以进行。没有炁场，许多已知的反应缺乏发生的依据，至今难以解释。

（4）炁场的本质是什么？我首先设想它是一种尚未被人们认识的特殊电磁场，还进一步设想它可能是由例如紫外线与肽链中的氨基酸残基、侧链和碱基对的偶极子型静电势分布的交互作用产生的[12]。不过，也不排除它是人们尚不知道的另一种场。但不管怎样，它是一个可以在本假说指引下通过实验来判定其特性的场。特别值得指出的是，不能认为如果它的特性不符合现有的物理学定律就认为它不可能存在，相反，说不定恰可由此引发某种新的发现。

为什么不叫它作生物场？有以下几点原因：

1）炁场不一定是生物特有的，只是在生物体中表现最明显。

2）由于生物体的复杂性，炁场不是性质单一的场。在每一具体情况下，准平衡的炁场都是由属阴的炁场和属阳的炁场二者交互作用所形成的综合场，吸引和排斥就是这两种性质的场交互作用的体现。但阴和阳是相对的。一般来说，蛋白质对 DNA 来说属阳。反之，DNA 对蛋白质来说属阴。

3）炁场的特性在定性上与中国古人对气的论述是一致的。

（5）手性问题。早在 19 世纪法国科学家巴斯德就已注意到生物的手性了。但是至今为止，手性在生物的生成和演化中所起的作用一直没得到说明。目前对生物氨基酸为什么是 L 型的而不是 D 型已有若干理论分析[4,5]，但尚无公认的结论。根据炁场生成的机制，只有由同一手性的氨基酸缩合成肽链时，随着肽链的加长炁场才可能越来越强，因此单一手性在生物的生成和进化中起了关键作用。炁场形成的另一个必要条件是外来能源，例如紫外线可以通过氨基酸的旋光性质转化为炁场的能量。20 种氨基酸的旋光性质并不尽相同，但早期生成的氨基酸基本都是右旋的[4]，并由此可以推想，氨基酸的 L 构型，比起它的旋光特性，对炁场的形成起了更关键的作用。L 型氨基酸所形成的肽链对 D 型氨基酸的排斥，蛋白质的 α 螺旋是右螺旋，DNA 是右螺旋，DNA 负超螺旋也是右螺旋，这些都表明是由手性导致了炁场的作用。

（6）生命起源于蛋白质还是核糖核酸 RNA，现在是有争论的。按照炁场的假说，生命的发展不是一蹴而就的，长度不大的肽链当有外界能量供应，可以进行氨基酸的代谢时它就是"活"的，没有能量供应、代谢停止或只有分解时它就是"死"的。也可设想碱基和核糖或脱氧核糖、磷酸从一开始就结合成了链状的 RNA 或 DNA，但从现在的模拟原始条件的实验中找不到这种证据。我们所知的是，在模拟的前生物条件下合成核糖是十分困难的[13]。反过来，假设有炁场的存在，以及由于炁场的吸引作用，碱基就可以在肽链上形成和演化成核酸。又由于炁场的排斥作用，蛋白质和核酸的复合体在一定条件下又可以分离成只含 RNA 的类病毒和只有蛋白质而无核酸的朊病毒。只是像这样的微生物在单独存在时可以说是"死"的，只有到了宿主细胞内它们才变成"活"的。

（7）"食势"和"性势"的概念是本文第一次提出的。我相信，大多数读者读到这里都会理解它们是完全可能客观存在的。其实这只不过是对生物为了自身生存和物种延续的动力的一种体认。实际上这两种势恰是炁场的两种表现形态。"食势"和"性势"的共同特性是食势和性势越强，生物越偏离其准平衡状态而发生"躁动"。食势和性势驱使生物去寻求食物和异性以求食势和性势的降低，从而返回准平衡状态。食势长期得不到满足的结果是生物越来越远离准平衡，最终导致死亡；性势得不到满足的结果是生物无法延续。看来主导食势的是蛋白质，主导性势的是核酸。

食势和性势此前一直未被提出来的原因可能有两个。一个是由于现今的主导思路集中于生物的个体研究，忽略了个体和个体之间关系的研究，而这些关系却是生物得以存在的基本条件。现在许多生物学家从物理和化学的角度研究生物觅食和求偶的机制，例如信鸽的定向和鱼类的洄游机制，但是却忽略了对生物觅食和求偶动力动因的分析。另一个可能的原因是这两种势很复杂，并无像重力场的势和电磁场的势那样简明的定量关系，现今的物理学尚难以处理。对目前这方面的研究工作可以有一个粗略的比方：一种叫做八音盒的乐箱（Musical Box），其内部结构是在一圆柱形的箱内放入一个由外面手柄或钟表机构驱动的轴，当轴转动时轴上的发齿发动箱内的簧片，从而使音箱奏出相应的音乐。身处箱内的一些学者津津有味地分析簧片是怎样分布的，乐曲的频率和强度又各是怎样的，但是却偏偏忘记了没有外面手柄的摇动或钟表机构的带动，这音乐是根本出不来的。

（8）思路问题。我认为，"炁场的假说"与其作为假说，更毋宁说是提示了一个不同于现今分子生物学既定模式的研究思路或研究纲领。

现今的分子生物学深受化学和物理学的浸润和影响，它的主要研究思路是解析的。它把生命分解到分子、原子甚至亚原子层次，希望通过这样的分解来弄清生命的本质，这种"钻牛角尖"的做法无疑是有成绩的，也是必要的。今天生物科学取得的辉煌成就就是靠这样的解析取得的，但是与此同时，生命的另一方面被忽略了，那就是，生命虽然是由分子组成的聚集体，却也是一个复杂的有机体，只有各种特定的分子精确地按一定的规律"堆集"起来生命现象才可能出现。特定的数量积累、特定的性能和搭配才导致了非生命向生命的转化。现今，科学由量变来预测质变的能力仍是比较薄弱的。关于"临界点"的研究大多是"马后炮"式的，即是在质变的结果已知的条件下回过来作理论说明。比如，就连由简单的数学迭代得出的"混沌"雏形理论在20世纪70年代还是出乎人们意料的新发现。炁场假说的基本思路是，我们除了要继续"钻牛角尖"以外，还应就氨基酸和核酸（以及糖类、脂类）这一微观体系层次的行为及其演化作出理论概括，以说明只有在这一层次以及更高层次上才会出现的现象。

炁场的假说表明，当你把生物分解为单个的分子、单独的氨基酸、单独的碱基加以研究时，炁场自然会逃逸出你的视野，此时它确实是无法被你发现的，于是可以说是不存在的。但是通过大自然亿万年的进化把这些原子、分子"组装"起来后，一种场确实是存在的，并且一直在起作用。我认为，它在哲学上的对应物就是海德格尔所说的"存在物"背后的"存在"，或者，大概也是老子所说的"生而不有、为而不恃、长而不宰"的"道"。

炁场的假说给生物学的研究提出了另一种思路，当然可以设计相应的实验来验证、修正、精确化或否定这一思路。我们今天对氨基酸和核酸的研究已经到了原子和电子层次，对动力的研究已经到了分子马达层次，因此完全可以再在氨基酸和核酸层次上看看组成生物体的单元并分析它们的交互作用。这在技术上是不成问题的。关键是要有一个全新的思路，按照这一思路来研究生物的微观演化，可能会有更多的新发现。

参 考 文 献

[1] 达尔文. 物种起源［M］. 周建人，等译. 北京：三联书店，1954：288.

[2] 王文清. 生命的化学进化［M］. 北京：原子能出版社，1994：101，118.

[3] 中国科学院图书馆编译. 生命的起源［M］. 北京：科学出版社，1973：17，32，37.

[4] 罗辽复. 生命进化的物理观 [M]. 上海：上海科技出版社，2000：9，56.

[5] 王文清. 生命科学 [M]. 北京：北京工业大学出版社，1998：39.

[6] 王希成. 生物化学 [M]. 北京：清华大学出版社，2001：164.

[7] 克劳福德 F S. 伯克利物理教程（第三卷，波动学）（下册）[M]. 北京：科学出版社，1981：522.

[8] 赵玉芬，赵国辉. 生命的起源与进化 [M]. 北京：科技文献出版社，1999：151.

[9] 翟中和. 细胞生物学 [M]. 北京：高等教育出版社，2000：379.

[10] 黄秀梨. 微生物学 [M]. 北京：高等教育出版社，1998：229.

[11] 郭勇，郑穗平. 酶学 [M]. 广州：华南理工大学出版社，2000：60.

[12] 杨频，高孝恢. 性能—结构—化学键 [M]. 北京：高等教育出版社，1992：200.

[13] 21 世纪 100 个科学难题编写组. 21 世纪 100 个科学难题——张静"RNA 与生命起源"[M]. 长春：吉林人民出版社，1998：583.